职业教育计算机专业改革创新教材

网络设备配置与管理项目教程

主　编　刘士贤

副主编　付潘一子

参　编　丛俊男　林景升

机械工业出版社

本书总结了多年来编者在网络设备配置与管理的实际工程实践及教学经验，以实际工作过程为导向，每个教学单元按照提出任务、情境设计、任务分析、任务实施与验证的过程进行编写，是为职业院校学生量身定做的一本教材。

本书内容包括导学和12个教学项目，32个工作任务。以Cisco公司的Packet Tracer软件使用开始，通过交换机配置与管理、交换机VLAN配置、生成树协议与端口聚合、路由器基本配置与管理、路由器静态路由、路由器动态路由、三层交换机路由配置、广域网协议封装与配置等项目完成网络路由技能训练；通过交换机端口安全、安全策略与流量控制、网络地址转换等项目完成网络安全技能训练；最后以企业、公司网络综合配置项目结束整个网络综合技能训练。为方便读者学习，本书配有电子课件，读者可到机械工业出版社教材服务网（www.cmpedu.com）免费注册下载，或联系编辑（010-88379194）咨询。

本书既可以作为职业院校计算机应用专业和网络技术专业理论与实训一体化教材，也可以作为相关培训教材，还可以作为从事网络工程技术人员的技术参考书。

图书在版编目（CIP）数据

网络设备配置与管理项目教程 / 刘士贤主编. —北京：机械工业出版社，2013.4（2025.1重印）

职业教育计算机专业改革创新教材

ISBN 978-7-111-42050-7

Ⅰ. ①网…　Ⅱ. ①刘…　Ⅲ. ①计算机网络—职业教育—教材　Ⅳ. ① TP393

中国版本图书馆CIP数据核字（2013）第066704号

机械工业出版社（北京市百万庄大街22号　邮政编码100037）

策划编辑：梁　伟　　责任编辑：蔡　岩

版式设计：霍永明　　责任校对：张　薇

封面设计：鞠　杨　　责任印制：邓　博

北京盛通数码印刷有限公司印刷

2025年1月第1版第13次印刷

184mm×260mm · 12.75印张 · 314千字

标准书号：ISBN 978-7-111-42050-7

定价：42.00元

电话服务	网络服务
客服电话：010-88361066	机　工　官　网：www.cmpbook.com
010-88379833	机　工　官　博：weibo.com/cmp1952
010-68326294	金　　书　　网：www.golden-book.com
封底无防伪标均为盗版	机工教育服务网：www.cmpedu.com

前　　言

21 世纪是信息化社会，网络技术已经深入到社会生活的各个方面，深刻地影响着人们的生活和思维方式。为了适应社会发展的需要，学习和掌握计算机网络与通信方面的知识是必要的。虽然计算机网络方面的教材较多，但真正能够把理论和实践有机结合起来的教材并不多见。为了突出职业院校学生以培养技能为主的特点，作者本着“理论知识够用，强化动手能力”的原则编写了此书，希望为计算机网络实践教学提供一些参考。

本书总结了编者多年来计算机网络工程实践及教学的经验，根据网络工程实际工作过程所需要的知识技能提炼出若干教学项目。每个项目以要实现的网络功能为核心来组织。因此，本书在课程的规划和内容的选择上与传统的网络专业教材有很大的区别。全书在每个项目开始时提出问题作为本项目内容的驱动，接下来介绍解决该问题所需的相关理论知识，然后给出问题的解决方案。在“任务分析”与“任务实施”部分通过描述真实网络工程项目中的工作场景，了解对应的工程施工中需要的技术。通过对工作过程的分析，学习关键网络技术应用的场景和对应的技术细节，最终运用该项目中的知识或综合应用学过的知识实现网络工程项目中的一部分功能。这样循序渐进地完成各个工程项目，并在最后把这些工程项目在网络实验室中组合并实现。把工程项目引入到课堂教学中，可更好地针对实际技能组织教学，使学生在校学习期间就能熟悉网络工程实施中的工作技能，缩短学生未来在工作岗位上的适应时间，真正做到从实际出发，强化实际应用，积累经验，尽快适应企业工作需求。

全书内容包括导学和 12 个教学项目，32 个工作任务。从 Cisco 公司的 Packet Tracer 软件使用开始，通过交换机配置与管理、交换机 VLAN 配置、生成树协议与端口聚合、路由器基本配置与管理、路由器静态路由、路由器动态路由、三层交换机路由配置、广域网协议封装与配置等项目完成网络路由技能训练；通过交换机端口安全、安全策略与流量控制、网络地址转换等项目完成网络安全技能训练；最后以企业、公司网络综合配置项目结束整个网络综合技能训练。

本书以知识“必需、够用”为原则，从职业岗位分析入手展开教学内容，强化学生的技能训练，在训练中巩固所学知识。全书先提出工作任务，然后再提供完成工作任务所必须掌握的操作技能及相关理论知识，部分项目还有拓展知识，供学有余力的学生学习，同时安排了实战演练，供学生课后练习。

本书由刘士贤任主编并负责统稿，其中项目 1、项目 2、项目 5 由林景升编写，项目 6、项目 7 由付潘一子编写，项目 10、项目 12 由丛俊男编写，其他部分由刘士贤编写。由于编者水平有限，书中难免有错误和不妥之处，恳请广大读者批评指正。

编　者

目　　录

导　学

职业应用

在人类社会已经进入信息时代的今天，无论是政府机关、公司、企业，还是团体组织、个人，都认识到网络对政策宣传、生产经营、个人学习和生活的重要性。各企业都在努力地通过各种途径、采用各种方法组建自己的内部网络，从而实现现代化办公和生产管理。这就需要众多的既有计算机网络基础知识，又有计算机网络实际应用技能的人才，只有很好地掌握网络设备的配置和管理，才能得心应手地组建和管理公司、企业的内部局域网，为企业创造效益。

一、应用领域

1. 网络规划与设计

随着网络建设的需求不断增多，网络规划与设计是搞好网络建设的关键任务之一，网络规划与设计主要包括用户需求调查、确定网络服务类型、确定网络拓扑结构、网络设备选型等几方面。

2. 网络组建与配置

网络组建与配置包括按照网络规划进行网络设备的选型，实现网络设备、安全设备、服务器的连接，并对设备进行调试，实现互连互通。在路由器、交换机、防火墙、入侵检测、服务器上配置各种协议，实现网络的运行，并根据网络业务需求配置各种策略，以满足应用需求。

3. 网络设备维护与管理

网络设备维护与管理包括进行数据维护、计算机维护、网络维护及数据安全策略的实施，并且对公司网络安全进行设置、管理以及维护、监控，防御垃圾邮件、病毒邮件等不良信息影响，构建和维护绿色网络。

二、发展方向

目前网络设备的配置与管理正向着网管系统（NMS）、应用性能管理（APM）、桌面管理（DMI）、员工行为管理（EAM）、安全管理等方向发展。

新兵训练营

一、任务情境

你受聘于一家公司，准备担任网络管理员的职位。首先需要了解网络设备的基本组成、基本管理方法和简单操作命令，但是由于你目前没有接触过网络设备，所以想通过 Packet Tracer 软件模拟网络设备进行学习。

二、任务分析

Packet Tracer 是由 Cisco 公司发布的一个辅助学习工具，为学习网络课程的初学者进行设计、配置、排除网络故障提供了网络模拟环境。用户可以在软件的图形用户界面上直接使用拖曳方法建立网络拓扑，并可提供数据包在网络中传输的详细过程，观察网络实时运行情况。通过 Packet Tracer 软件还可以学习 IOS 的配置、锻炼故障排查能力。

Packet Tracer 提供了多种类和多型号的网络虚拟设备，如 1800、2600、2800 系列路由器，2900 系列交换机和 3650 多层交换机，另外还有 IP 电话等无线语音设备，它操作界面真实，能查看数据包的具体传输路径，非常适合初学者学习网络设备的配置与管理。

三、任务实施

启动 Packet Tracer 5.3 软件，显示如图 0-1 所示的工作界面。从该软件的实际应用功能出发，大致分为 6 个功能区，它们分别是应用程序管理区、设备选择区、数据包信息显示区、设备操作管理区、运行模式切换区和工作区。

1. 应用程序管理区

Packet Tracer 本质上是一个 Windows 平台的应用程序，因此具有一般应用程序所必备的标题栏、菜单栏、工具栏。

Packet Tracer 的文件包含两部分内容，一是工作区设计的网络拓扑图，二是拓扑图中每个设备的当前配置文件内容，其中文件的扩展名为“*.pkt”。

2. 设备选择区

计算机网络实验中所需要的各种类型的网络设备就是从设备选择区中获取的。Packet Tracer 5.3 采用分类列表的方式列出每类设备下的各种设备型号，方便用户按需选择。其选择过程是：先单击设备选择区内的设备类型图标（如路由器 Router），此时设备的英文名称（Router）就会显示在设备选择区的矩形框中，然后再单击设备选择区右边所列出的该设备的具体型号。

每当单击某具体型号的设备后，该设备的图形标志就会变成形状，将鼠标移动到工作区时，鼠标指针从手形变成十字形，这时再单击鼠标，所选择的设备就会出现在工作区单击的位置，非常方便地完成设备的选择任务，如图 0-1 所示。

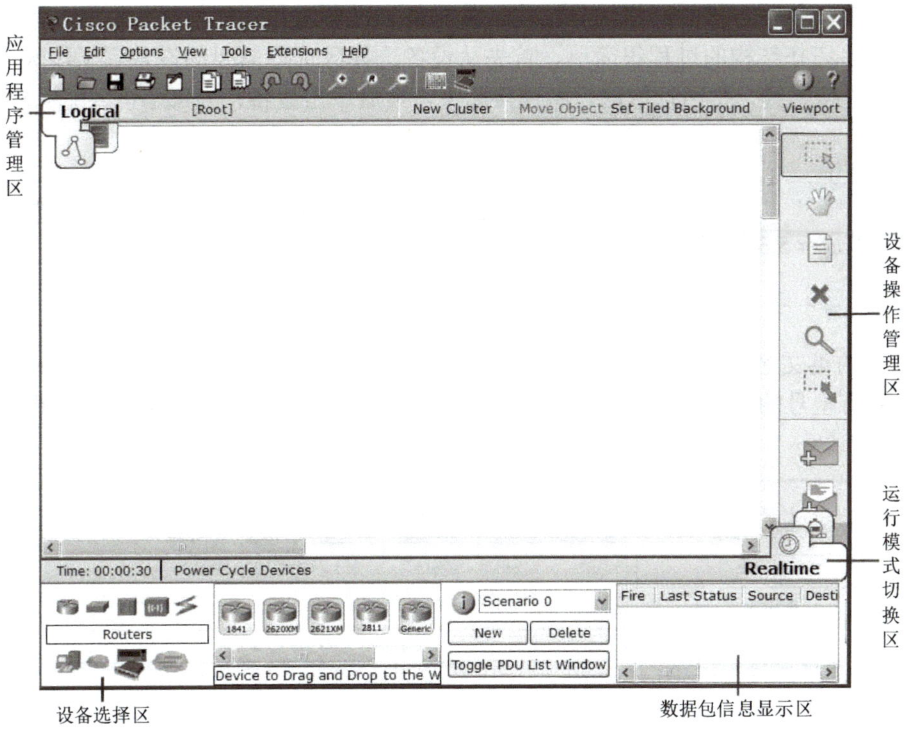

图 0-1　Packet Tracer 界面功能分区

3．数据包信息显示区

当用户调试网络实验时，数据包的相关信息就显示在该区域，方便用户随时观察。

4．设备操作管理区

Packet Tracer 设备操作管理区提供了 6 种功能，方便用户对工作区的设备进行各种操作。这些功能包括选择设备、移动设备、给设备贴标签、删除设备、查看信息和发 PDU 包。

这些功能的基本操作步骤相似，先单击要应用的功能，鼠标指针就会变成与所选功能一致的图形，然后再单击工作区中要对其实施功能的设备即可。

例如，要删除工作区中的 1841 路由器，那么单击“删除”按钮✖，这时，鼠标指针从箭头变成✖。移动鼠标到工作区，再单击要删除的路由器 1841，此时路由器立即被删除。如果误删了设备，则可以按快捷键 <Ctrl+Z> 恢复刚才被删除的设备。

5．运行模式切换区

为了方便用户使用，Packet Tracer 提供了两种网络运行模式，即 Realtime 模式和 Simulation 模式，两种模式可以随时切换。

默认情况下为 Realtime 模式，即实时模式。这种模式与配置实际网络设备一样，每发出一道配置命令，就立即在设备中执行。

6．工作区

工作区是 Packet Tracer 的核心区域，其他 5 个区域都是为它服务的。在工作区中，用户可以按需设计各种各样的网络拓扑结构，并对每个设备进行功能配置。

设计网络拓扑结构的过程很简单，首先从设备选择区选取需要的设备到工作区，然后再选择合适的连接线缆，把所选取的设备连接起来，最后单击设备，为每个设备配置参数即可。

四、相关知识

Packet Tracer 5.3 提供的设备比较丰富，具体介绍如下。

1. 路由器

路由器的英文名称为“Routers”，如图 0-2 所示。Packet Tracer 5.3 提供了 6 种型号的路由器，所有型号的路由器均为出厂的默认配置，只有局域网接口，实际应用时根据需要添加广域网接口。

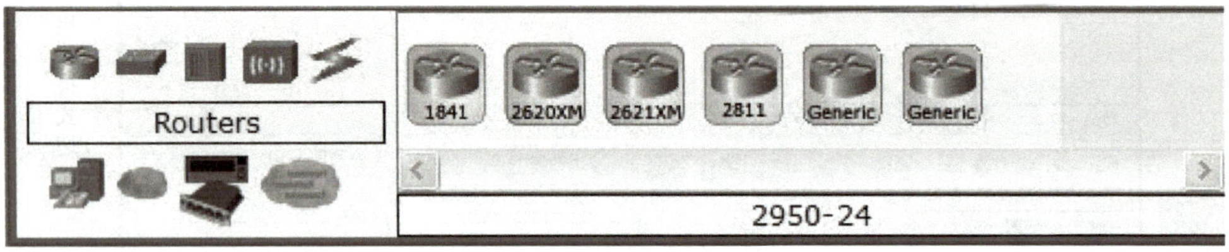

图 0-2　路由器

2. 交换机

交换机的英文名称是“Switches”，如图 0-3 所示。Packet Tracer 5.3 提供了 7 种型号的交换机，其中只有一款 3560 为三层交换机，其余为常用的 29 系列二层交换机。

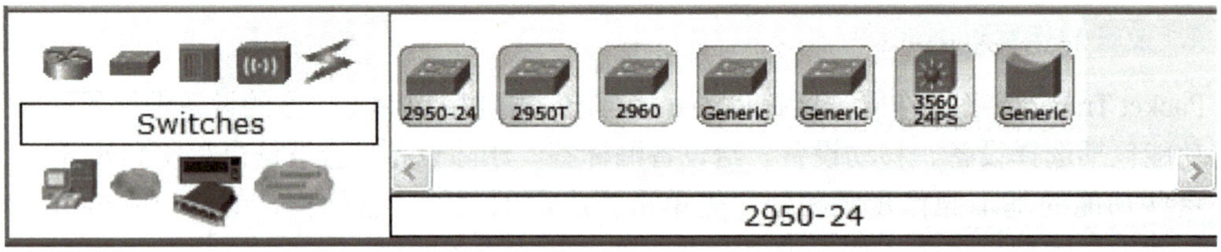

图 0-3　交换机

3. 集线器

集线器的英文名称是“Hubs”，如图 0-4 所示。Packet Tracer 5.3 提供了 3 种型号的集线器，它们的区别是端口数和种类不同。

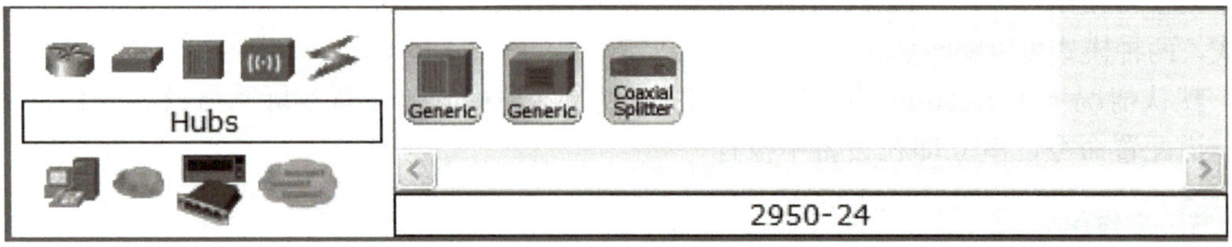

图 0-4　集线器

4. 无线设备

无线设备的英文名是“Wireless Devices”，如图 0–5 所示。Packet Tracer 5.3 提供了 4 款产品，分别是 AP 和无线路由。只要将 PC 的网卡换为无线网卡，用这两款产品就可以搭建一个无线局域网。

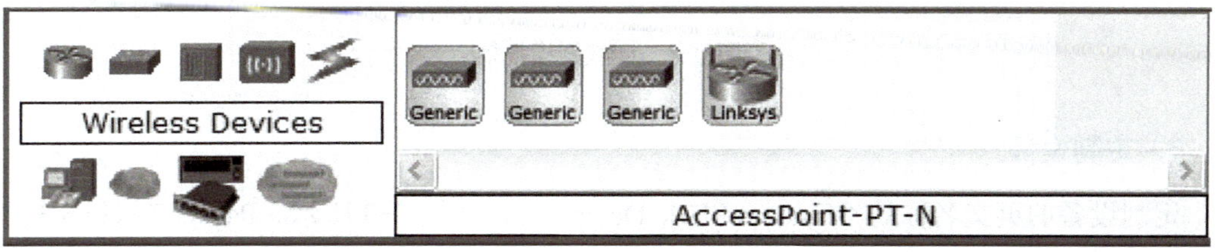

图 0–5　无线设备

5. 连接线缆

连接线缆的英文名称是“Connections”，如图 0–6 所示。Packet Tracer 5.3 提供了所有网络连接要用到的线缆，图 0–6 中的连接线缆依次是自适应线缆、Console 线缆、直连线、交叉线、光纤、电话线、同轴电缆、DCE 和 DTE 线缆。连接设备时，要选用合适的线缆，否则会导致网络通信故障。

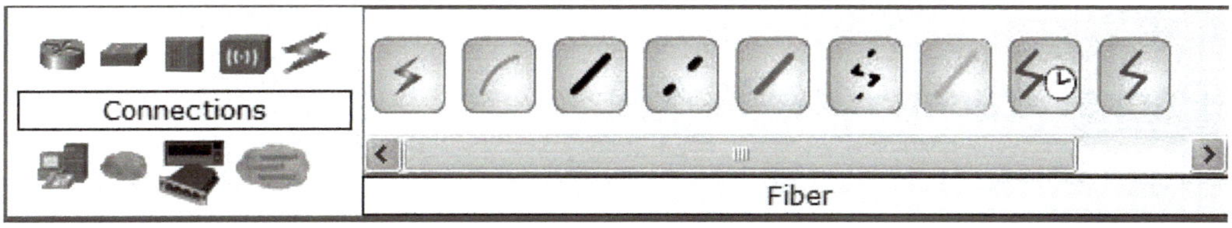

图 0–6　连接线缆

6. 终端设备

终端设备的英文名称是“End Devices”，如图 0–7 所示。Packet Tracer 5.3 提供了丰富的终端设备，具体有计算机、服务器、打印机、IP 电话等。

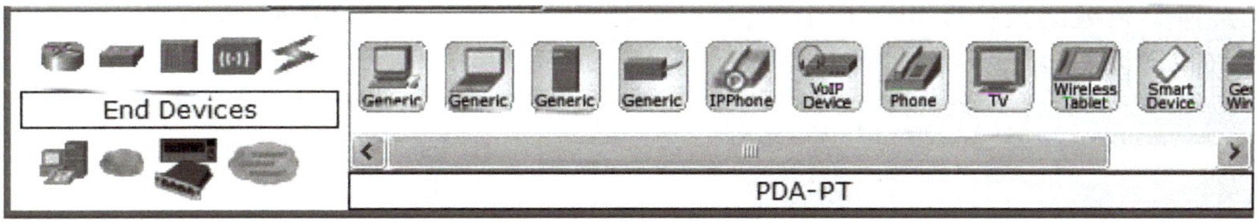

图 0–7　终端设备

7. 广域网模拟器

广域网模拟器的英文名称是“WAN Emulation”，如图 0–8 所示。Packet Tracer 5.3 提供的广域网模拟器中最常用的是云，用于模拟帧中继线路，其他还有 DSL 调制解调器和 Cable 调制解调器。

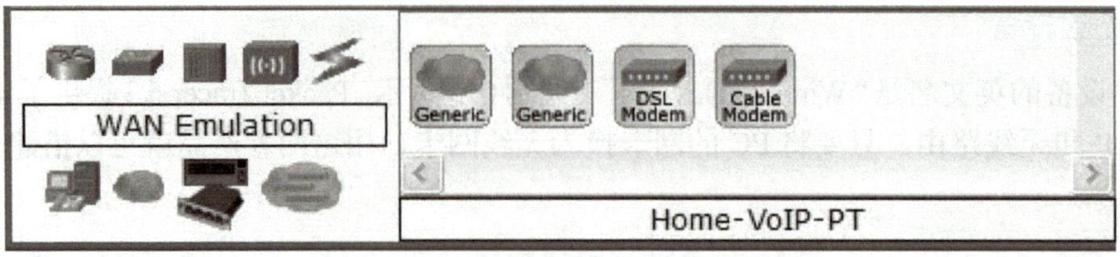

图 0-8　广域网模拟器

8. 定制设备

定制设备的英文名称是“Custom Made Devices”，如图 0-9 所示。Packet Tracer 5.3 为方便用户使用，特意定制了 3 款常用型号的路由器和 1 个 PC，使用时不用再添加广域网接口。

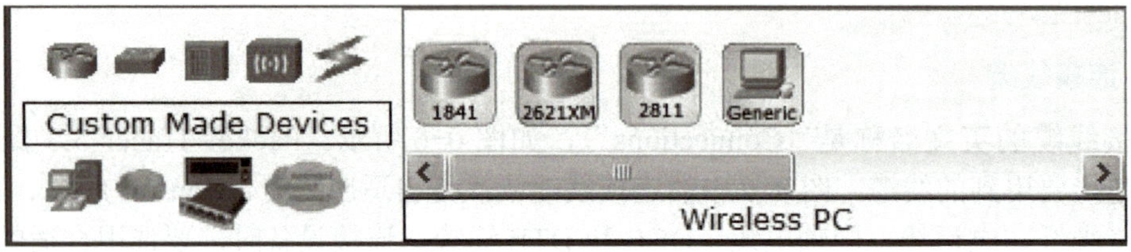

图 0-9　定制设备

用 Packet Tracer 5.3 画拓扑图

一、任务情境

通过上一个任务的练习，我们已经对 Packet Tracer 5.3 的界面有了一定的了解，现在要求用该软件完成一个实际的网络拓扑图，并且进行相应的配置。

二、任务分析

具体要完成的拓扑图如图 0-10 所示。该拓扑图包含一个 2620XM 路由器、一个 2950-24 交换机和两台 PC。

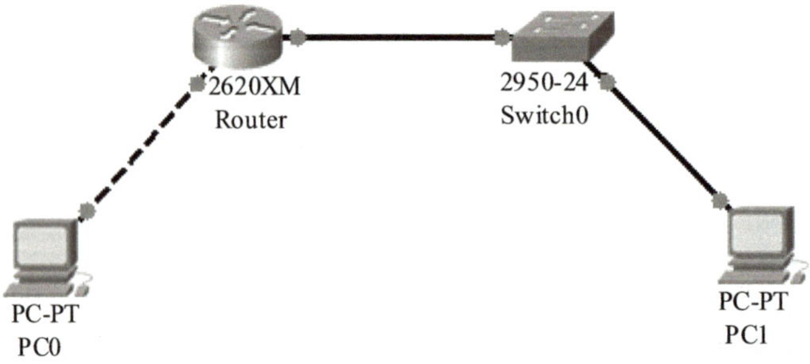

图 0-10　网络拓扑图

三、任务实施

1. 选择设备并连线

若要在工作区中添加一个 2620 XM 路由器，首先应在设备类型库中选择路由器。在选定设备库中选择并单击 2620 XM 路由器，然后在工作区中单击鼠标即可把 2620 XM 路由器添加到工作区中。我们用同样的方法再添加一个 2950-24 交换机和两台 PC。可以按住 <Ctrl> 键再单击相应设备以连续添加设备，如图 0-11 所示。

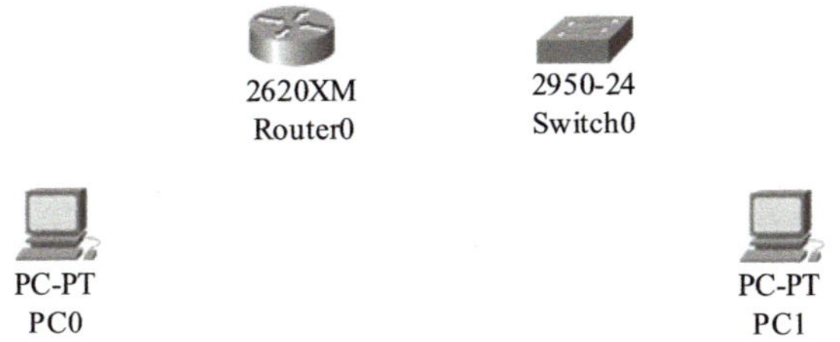

图 0-11　设备添加

接下来要选取合适的线型将设备连接起来。可以根据设备间的不同接口选择特定的线型进行连接。如果只是想快速地建立网络拓扑而不考虑线型选择，那么可以选择自动连线，如图 0-12 所示。

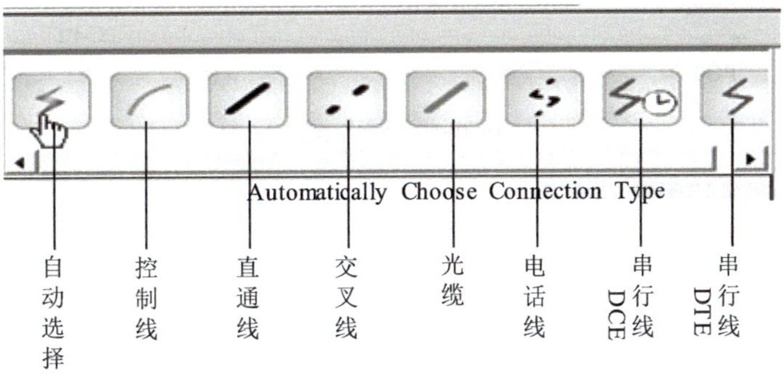

图 0-12　线型介绍

在正常连接 Router0 和 PC0 后，我们再连接 Router0 和 Switch0，提示出错信息，如图 0-13 所示。

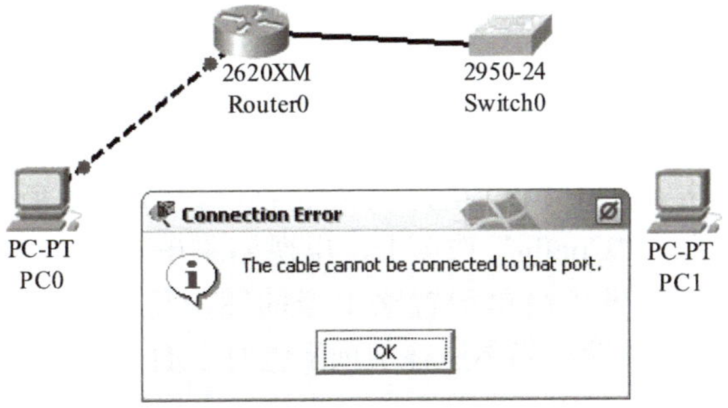

图 0-13　出错信息

出错的原因是 Router 上没有合适的端口，如图 0-14 所示。

图 0-14　Cisco2620 XM 的接口面板

默认的 2620 XM 有三个端口，刚才连接 PC0 已经被占去了 ETHERNET 0/0，而 Console 口和 AUX 口自然不是连接交换机的接口，所以会出错。因此在设备互连前要添加所需的模块（添加模块时注意要关闭电源）。我们为 Router0 添加 NM － 4E 模块（将模块添加到空缺处即可，删除模块时将模块拖回到原处即可），再重新连接，如图 0-15 所示。

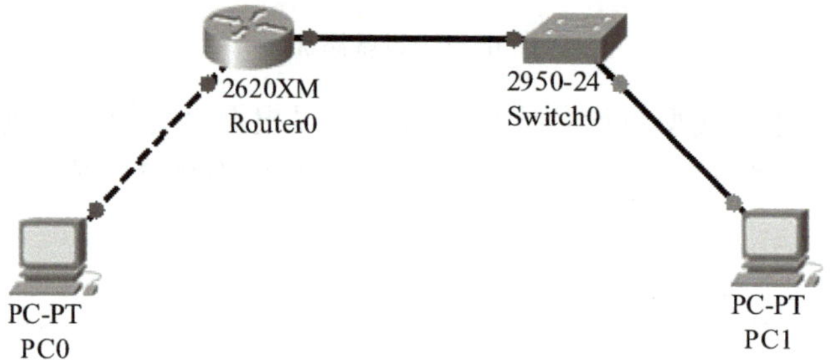

图 0-15　设备连接

由图 0-15 看到各线缆两端有不同颜色的圆点，它们分别表示表 0-1 所示的含义。

表 0-1　线缆两端亮点含义

链路圆点的状态	含　义
亮绿色	物理连接准备就绪，还没有 Line Protocol status 的指示
闪烁的绿色	连接激活
红色	物理连接不通，没有信号
黄色	交换机端口处于“阻塞”状态

2. 配置不同设备

以配置 Router0 为例进行介绍。

1）在 Router0 上单击并打开“设备配置”对话框，如图 0-16 所示。

2）在图 0-16 中，单击“Config”选项卡，出现如图 0-17 所示的对话框。

Config 选项卡给我们提供了简单配置路由器的图形化界面，在这里可以进行全局信息、路由信息和端口信息的配置。当你进行某项配置时下面会显示相应的命令。这是 Packer Tracer 中的快速配置方式，主要用于简单配置，将注意力集中在配置项和参数上。在实际设备中没有这样的方式。

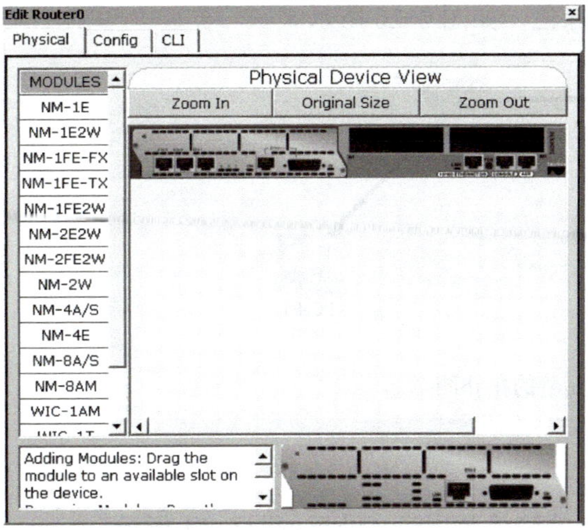

图 0-16 “设备配置”对话框

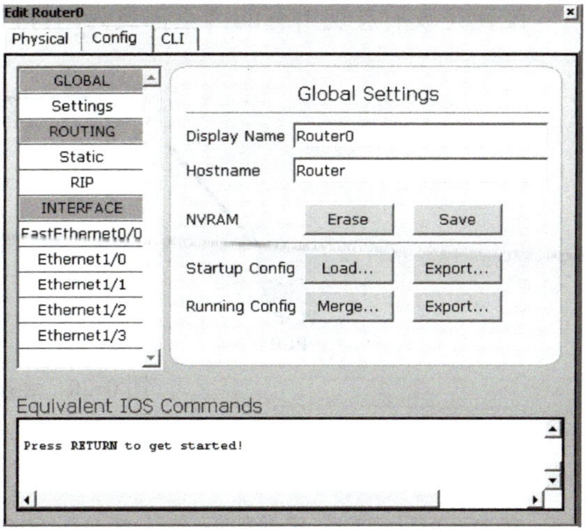

图 0-17 Config 配置选项卡

3）在图 0-17 中，单击 FastEthernet0/0，配置 FastEthernet0/0 端口，打开如图 0-18 所示的对话框。

4）进行终端设备的配置，单击 PC0 打开“设备配置”对话框，在 Config 选项卡中配置默认网关和 IP 地址分别为 192.168.1.1 和 192.168.1.2，掩码为 255.255.255.0。终端设备配置面板如图 0-19 所示。

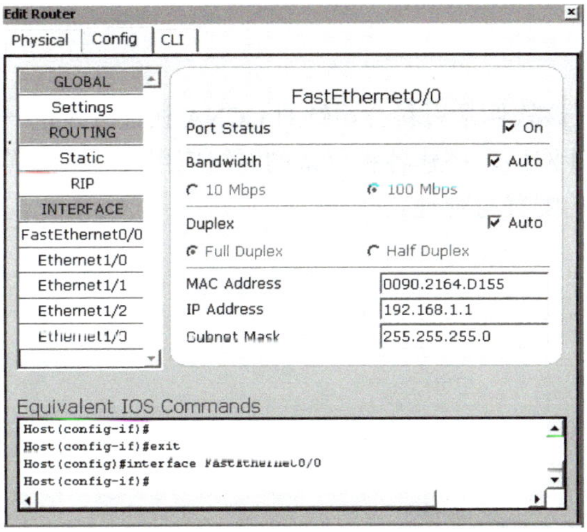

图 0-18 FastEthernet0/0 端口配置

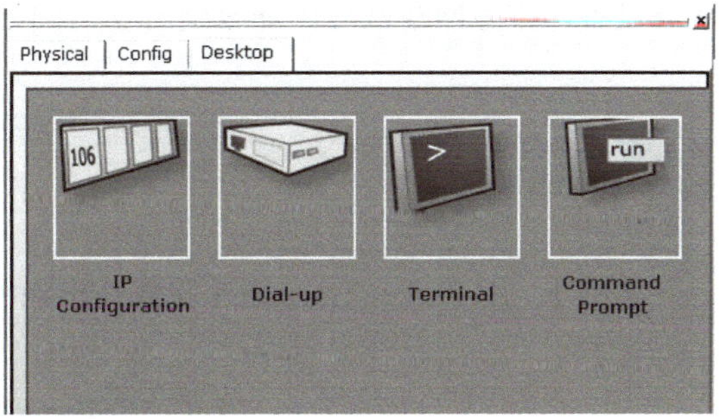

图 0-19 终端设备配置面板

在图 0-19 中，Desktop 选项卡中的 IP Configuration 也可以完成默认网关和 IP 地址的设置。Terminal 选项模拟一个超级终端对路由器或者交换机进行配置。Command Prompt 相当于计算机中的命令窗口。

我们用同样的方法配置 Router0 上 Ethernet1/0（192.168.2.1 255.255.255.0）和 PC1（192.168.2.2 255.255.255.0，默认网关为 192.168.2.1）。

配置完成后发现所有的圆点都变为闪烁的绿色，如图 0-20 所示。

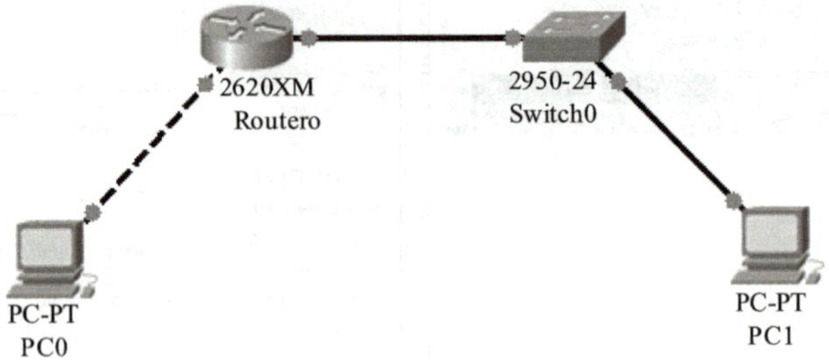

图 0-20　连接完整的拓扑图

3. 测试设备的连通性

在 Realtime 模式下添加一个从 PC1 ～ PC0 的简单数据包，结果如图 0-21 所示。

Fire	Last Status	Source	Destination	Type	Color	Time (sec)	Periodic	Num	Edit	Delete
●	Successful	PC1	PC0	ICMP	■	0.000	N	0	(edit)	(delete)

图 0-21　数据包测试

Last Status 的状态是 Successful，说明 PC1 到 PC0 的链路是通的。

小结

本章介绍了 Packet Tracer 5.3 软件的用法，该软件是思科公司针对 CCNA 认证开发的一个可视化的交互教学工具，它可以用来模拟设计网络、搭建各种复杂的网络应用环境，配置网络设备，排除网络故障，非常适合学习网络的配置与管理。

实战强化

实战 1：用 Packet Tracer 5.3 软件画出如图 0-22 所示的网络拓扑图。

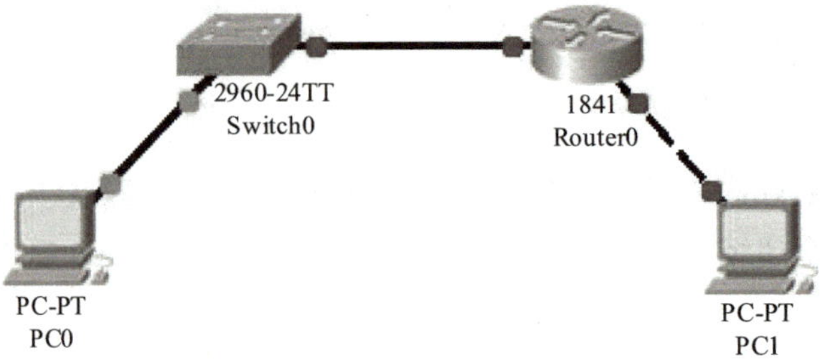

图 0-22　实战 1 的网络拓扑图

实战 2：用 Packet Tracer 5.3 软件画出如图 0-23 所示的网络拓扑图，并按要求配置及测试其连通性。

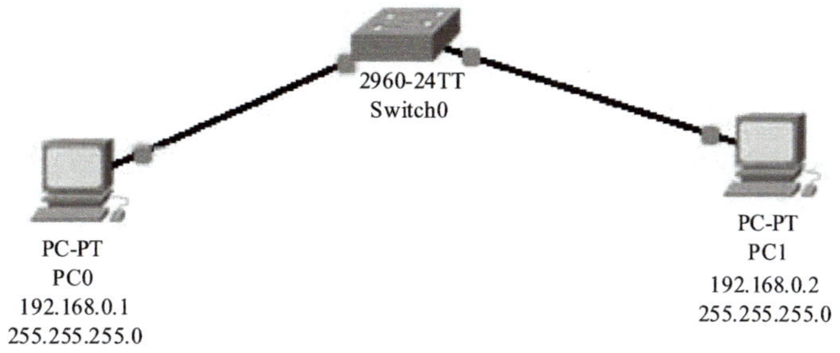

图 0-23　实战 2 的网络拓扑图

项目 1　初始配置交换机

职业能力目标

1）根据实际需要，能够用各种方法登录交换机。
2）根据实际需要，能够对交换机的相关参数进行合理配置及文件管理。
3）能够对交换机系统文件进行备份和恢复。

任务 1　选择交换机管理方式及参数

任务情境

你受聘于一家公司，准备做公司的网络管理员，首先要了解网络设备（交换机）的基本登录方式、基本管理方法和简单操作命令，为进一步管理、配置交换机做准备。

任务分析

交换机的登录方式有多种，如通过反转线连接的登录方式、利用 Telnet 的远程登录方式、利用 Web 或网管软件的登录方式等，不同的登录方式各有其优缺点，其中利用反转线连接的带内登录方式最方便快捷，但需要亲临交换机现场；而另两种方式（带外登录）不用亲临现场，但是需要占用网络带宽。下面就分别用带内及带外这两种方式来完成本任务。

任务实施

1．带内登录方式

第 1 步：通过一条反转线将 PC1 的 RS232 串口 COM1 与交换机的 Console 端口相连，如图 1-1 所示。

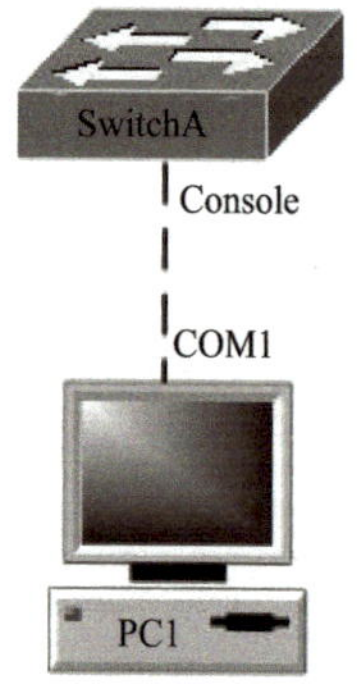

图 1-1　PC1 与交换机连接

第 2 步：在 PC 上，通过单击“开始”→“程序”→“附件”→“通信”→“超级终端”，执行超级终端程序。

第 3 步：启动超级终端后，新建一个连接，并正确配置相应参数，如图 1-2 ～图 1-5 所示。

第 4 步：开启交换机电源，这时在超级终端窗口中可以看到交换机的启动过程，按 <Enter> 键即可看到交换机提示符，表示已登录到交换机上了。

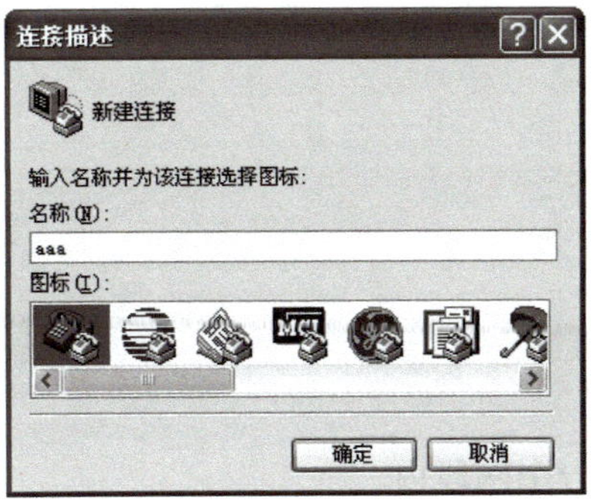

图 1-2　定义超级终端名称为 aaa

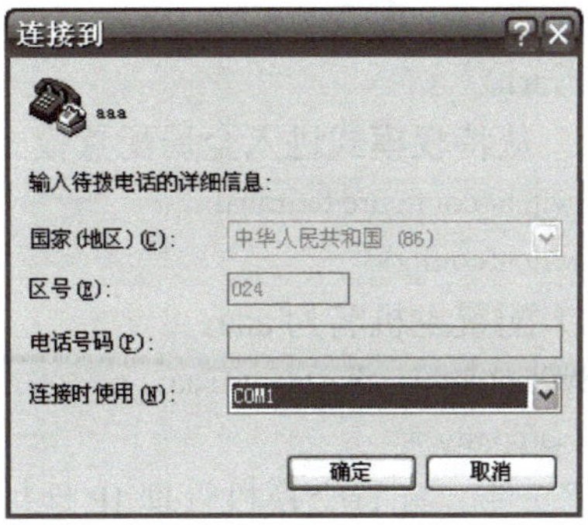

图 1-3　定义超级终端连接端口 COM1

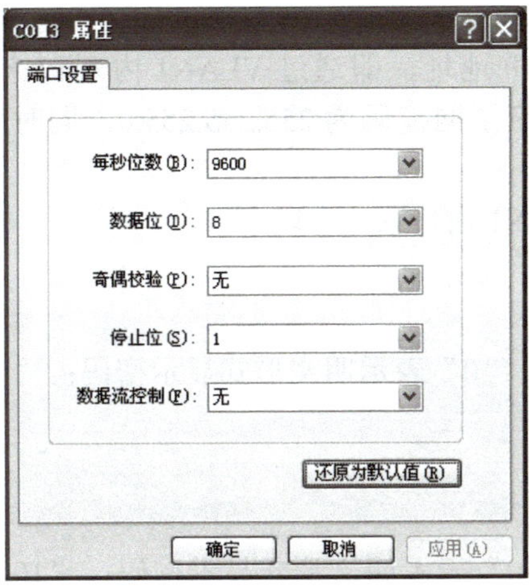

图 1-4　定义超级终端连接端口参数

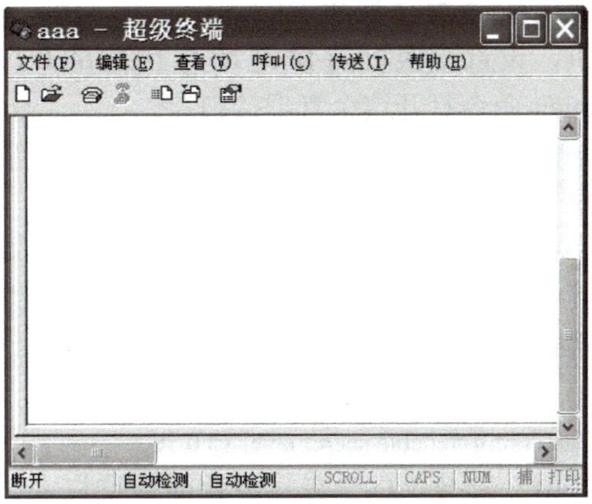

图 1-5　定义超级终端窗口

2．带外登录方式

通过超级终端登录交换机后，利用双绞线将 PC 与交换机连接，如图 1-6 所示。配置交换机、PC 的 IP 地址，即可采用 Telnet 方式登录交换机了。具体操作步骤如下。

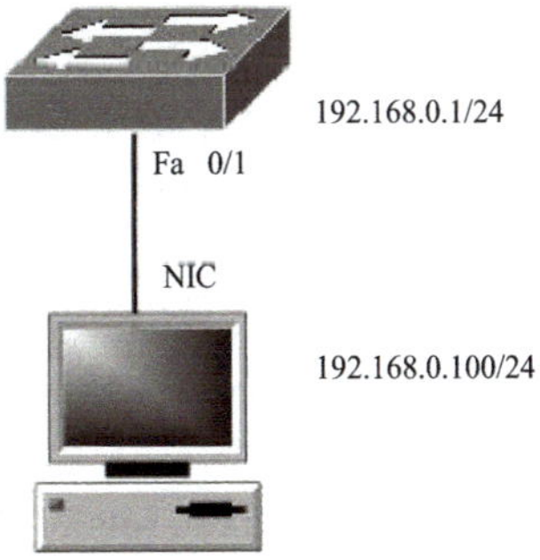

图 1-6　通过以太口连接交换机

第 1 步：配置交换机主机名。

1）从用户模式进入特权模式。

```
Switch>enable
Switch#
```

2）从特权模式进入全局配置模式。

```
Switch#configure terminal
Switch(config)#
```

3）配置主机名为 aaa。

```
Switch(config)#hostname aaa
Aaa(config)#
```

第 2 步：配置交换机管理 IP 地址，要求与 PC 在一个网段内。

```
Aaa(config)#interface vlan 1
Aaa(config-if)#ip address 192.168.0.1 255.255.255.0
Aaa(config-if)#no shutdown
```

上述命令为交换机 VLAN1 的管理接口分配 IP 地址，即通过 VLAN1 内端口来管理交换机，设置交换机的 IP 地址为 192.168.0.1，对应子网掩码为 255.255.255.0，同时用 No Shutdown 命令打开这个管理接口。

第 3 步：通过直连线或交叉线连接交换机 VLAN1 内任意一个以太口。

第 4 步：配置交换机远程登录密码。

```
Aaa(config)#enable secret level 1 0 100
```

其中，参数“1”表示设置的是远程登录密码；“0”表示明文形式显示密码；“100”表示密码为“100”字符串。

第 5 步：配置交换机特权密码。

```
Aaa(config)#enable secret level 15 0 100
```

其中，参数“15”表示设置的是特权密码；“0”表示明文形式显示密码；“100”表示密码为“100”字符串。

第 6 步：在 PC 的命令窗口中输入 C:\Telnet 192.168.0.1，根据提示输入正确的密码，就可以登录交换机了。

3. 交换机基本配置

（1）显示交换机的系统版本信息

```
Aaa#show version
Cisco IOS Software, C2960 Software (C2960-LANBASE-M), Version 12.2(25)FX, RELEASE SOFTWARE (fc1)
Copyright (c) 1986-2005 by Cisco Systems, Inc.
Compiled Wed 12-Oct-05 22:05 by pt_team
ROM: C2960 Boot Loader (C2960-HBOOT-M) Version 12.2(25r)FX, RELEASE SOFTWARE (fc4)
System returned to ROM by power-on
Cisco WS-C2960-24TT (RC32300) processor (revision C0) with 21039K bytes of memory.
24 FastEthernet/IEEE 802.3 interface(s)
2 Gigabit Ethernet/IEEE 802.3 interface(s)
63488K bytes of flash-simulated non-volatile configuration memory.
Base ethernet MAC Address          : 00E0.A315.01BC
Motherboard assembly number        : 73-9832-06
```

```
Power supply part number           : 341-0097-02
Motherboard serial number          : FOC103248MJ
Power supply serial number         : DCA102133JA
Model revision number              : B0
Motherboard revision number        : C0
Model number                       : WS-C2960-24TT
System serial number               : FOC1033Z1EY
Top Assembly Part Number           : 800-26671-02
Top Assembly Revision Number       : B0
Version ID                         : V02
CLEI Code Number                   : COM3K00BRA
Hardware Board Revision Number     : 0x01
Switch   Ports  Model              SW Version            SW Image
------   -----  -----              ----------            ----------
*    1   26     WS-C2960-24TT      12.2                  C2960-LANBASE-M
Configuration register is 0xF
Aaa#
```

（2）显示交换机当前配置文件内容

```
Aaa#show running-config
Building configuration...
Current configuration : 1009 bytes
!
version 12.2
no service timestamps log datetime msec
no service timestamps debug datetime msec
no service password-encryption
!
hostname Switch
!
!
!
interface FastEthernet0/1
!
interface FastEthernet0/2
!
interface FastEthernet0/3
!
interface FastEthernet0/4
!
interface FastEthernet0/5
!
interface FastEthernet0/6
!
```

```
interface FastEthernet0/7
!
interface FastEthernet0/8
!
interface FastEthernet0/9
!
interface FastEthernet0/10
!
interface FastEthernet0/11
!
interface FastEthernet0/12
!
interface FastEthernet0/13
!
interface FastEthernet0/14
!
interface FastEthernet0/15
!
interface FastEthernet0/16
!
interface FastEthernet0/17
!
interface FastEthernet0/18
!
interface FastEthernet0/19
!
interface FastEthernet0/20
!
interface FastEthernet0/21
!
interface FastEthernet0/22
!
interface FastEthernet0/23
!
interface FastEthernet0/24
!
interface GigabitEthernet1/1
!
interface GigabitEthernet1/2
!
interface Vlan1
 no ip address
 shutdown
```

```
!
!
line con 0
!
line vty 0 4
 login
line vty 5 15
 login
!
!
end
Aaa#
```

（3）显示交换机端口状态

```
Aaa#SHow INTerfaces FAstEthernet 0/1
FastEthernet0/1 is down, line protocol is down (disabled)
  Hardware is Lance, address is 0000.0c8e.b701 (bia 0000.0c8e.b701)
 BW 100000 Kbit, DLY 1000 usec,
     reliability 255/255, txload 1/255, rxload 1/255
  Encapsulation ARPA, loopback not set
  Keepalive set (10 sec)
  Half-duplex, 100Mb/s
  input flow-control is off, output flow-control is off
  ARP type: ARPA, ARP Timeout 04:00:00
  Last input 00:00:08, output 00:00:05, output hang never
  Last clearing of "show interface" counters never
  Input queue: 0/75/0/0 (size/max/drops/flushes); Total output drops: 0
  Queueing strategy: fifo
  Output queue :0/40 (size/max)
  5 minute input rate 0 bits/sec, 0 packets/sec
  5 minute output rate 0 bits/sec, 0 packets/sec
     956 packets input, 193351 bytes, 0 no buffer
     Received 956 broadcasts, 0 runts, 0 giants, 0 throttles
     0 input errors, 0 CRC, 0 frame, 0 overrun, 0 ignored, 0 abort
     0 watchdog, 0 multicast, 0 pause input
     0 input packets with dribble condition detected
     2357 packets output, 263570 bytes, 0 underruns
     0 output errors, 0 collisions, 10 interface resets
     0 babbles, 0 late collision, 0 deferred
     0 lost carrier, 0 no carrier
     0 output buffer failures, 0 output buffers swapped
   Aaa#
```

相关知识

1. 交换机基本功能

交换机的主要功能包括物理编址、网络拓扑结构、错误校验、帧序列以及流控。目前交换机还具备了一些新的功能，如对 VLAN（虚拟局域网）的支持、对链路汇聚的支持，有的甚至还具有防火墙的功能。

1）学习功能：以太网交换机了解每一端口相连设备的 MAC 地址，并将地址同相应的端口映射起来存放在交换机缓存中的 MAC 地址表中。

2）转发 / 过滤功能：当一个数据帧的目的地址在 MAC 地址表中有映射时，它被转发到连接目的结点的端口而不是所有端口（如该数据帧为广播 / 组播帧则转发至所有端口）。

3）消除回路功能：当交换机包括一个冗余回路时，以太网交换机通过生成树协议避免回路的产生，同时允许存在后备路径。

交换机除了能够连接同种类型的网络之外，还可以在不同类型的网络（如以太网和快速以太网）之间起到互连作用。如今许多交换机都能够提供支持快速以太网或 FDDI 等的高速连接端口，用于连接网络中的其他交换机或者为带宽占用量大的关键服务器提供附加带宽。

一般来说，交换机的每个端口都用来连接一个独立的网段，但是有时为了提供更快的接入速度，我们可以把一些重要的网络计算机直接连接到交换机的端口上。这样，网络的关键服务器和重要用户就拥有更快的接入速度，支持更大的信息流量。

2. 交换机基本配置

交换机命令模式分为 EXEC 模式和配置模式两种。EXEC 模式主要是用户模式和特权模式，用户模式下只能查看交换机信息和简单测试；特权模式下功能稍多，但也只限于管理交换机的基本配置信息等。对交换机的配置需要在配置模式下进行，配置模式主要有全局配置模式和接口配置模式。在全局配置模式下主要配置交换机的整体参数，如交换机名称、创建 VLAN 等；在接口配置模式下，可以配置接口的具体参数、接口的开启和关闭等。

刚登录交换机的模式为用户模式，提示符为“switch>”；从用户模式进入特权模式命令为“switch>enable”，特权模式提示符为“switch#”；从特权模式进入全局模式命令为“switch#configure terminal”，全局模式提示符为“switch(config)#”；接口模式必须从全局模式进入，命令为“switch(config)#interface fastethernet 0/1”，其中“interface”表示接口，“fastethernet”表示接口类型，“0/1”为接口编号，接口模式的提示符为“switch(config-if)#”。从一个模式返回上一级模式的命令是“exit”，从子模式直接回到特权模式的命令是“end”。

在使用命令行管理交换机时有以下一些技巧。

1）使用“？”获得帮助。当某个命令只记得一部分时，可以在记得的部分后输入“？”，就可以查看到此字母开头的所有命令；当不了解在某模式下有哪些命令时，可以输入“？”查看该模式下的所有命令。

2）命令简写。为了方便起见，交换机支持命令简写。例如，“configure terminal”可以简写为“con”，但不能简写为“c”，因为字母“c”开头的命令不只有“configure terminal”一个。

3）使用历史命令。用键盘上的向上、向下方向键可以调出曾经输入的历史命令，并可以修改、编辑，方便使用。

知识拓展

1. 设置交换机对访问方式的限制

默认情况下，交换机上的 Telnet Server、Web Server、SNMP Agent 均处于打开状态。从特权模式开始，可以通过表 1-1 所示的步骤分别禁止使用这 3 种方式对交换机进行访问。

表 1-1　交换机访问方式限制

步　骤	命　令	含　义
步骤 1	Configure terminal	进入全局配置模式
步骤 2	No enable services telnet-server	关闭交换机 Telnet Server 访问模式
步骤 3	No enable services web-server	关闭交换机 Web Server 访问模式
步骤 4	No enable services snmp-agent	关闭交换机 SNMP Agent 访问模式
步骤 5	End	回到特权模式
步骤 6	Show running-config	验证配置
步骤 7	Copy running-config startup-config	保存配置

2. 管理交换机 MAC 地址表

交换机的 MAC 地址表包含了用于端口报文转发的地址信息，具体包含动态、静态和过滤 3 种类型地址。

1）动态地址。动态地址是交换机通过接收到的报文自动学习到的 MAC 地址。当一个端口接收到一个包时，交换机就把这个包的源地址和端口关联记录到 MAC 地址表中。当交换机收到一个包时，若该包的目的 MAC 地址是交换机学习到的动态地址，则这个包直接转发到与这个 MAC 地址关联的端口，否则，这个包向所有端口转发。

交换机通过学习新的地址，或因地址老化而不再使用来不断更新其动态地址表。对于地址表中的一个地址，如果较长时间（由地址老化时间决定）交换机都没收到以这个地址为源地址的包，则这个地址将被老化掉。当交换机复位后，交换机学习到的所有动态地址都将丢失，交换机将重新学习这些地址。

2）静态地址。静态地址是手工添加的 MAC 地址。静态地址和动态地址功能相同，只能手工添加和删除，它保存在配置文件中，即使交换机复位，静态地址也不丢失。

3）过滤地址。过滤地址是手工添加的 MAC 地址。当交换机收到以过滤地址为源地址的包时，将直接丢弃，不转发。过滤地址永远不会老化，只能手工配置和删除，即使交换机复位也不丢失。只需将非法用户的 MAC 地址设置为过滤地址，它就能帮助我们屏蔽非法用户，使这些用户无法通过交换机与外界通信。

查看 MAC 地址表的命令见表 1-2。

表 1-2　查看 MAC 地址表命令

命　令	含　义
Show mac-address-table address	显示所有类型 MAC 地址信息
Show mac-address-table aging-time	显示当前地址老化时间
Show mac-address-table dynamic	显示所有动态地址信息
Show mac-address-table static	显示所有静态地址信息
Show mac-address-table filtering	显示所有过滤地址信息
Show mac-address-table interface	显示指定接口的所有类型地址信息
Show mac-address-table vlan	显示指定 VLAN 的所有类型地址信息
Show mac-address-table count	显示地址表中 MAC 地址统计信息

配置静态地址表命令见表 1-3。

表 1-3　配置静态地址表命令

命　令	含　义
Configure terminal	进入全局配置模式
Mac-address-table static mac-addr Vlan vlan-id interface interface-id	Mac-addr：指定表项对应的目的 MAC 地址 VLAN-ID：指定该地址所属 VLAN
End	回到特权模式
Show mac-address-table static	验证配置
Copy running-config startup-config	保存配置

配置过滤地址命令见表 1-4。

表 1-4　配置过滤地址命令

命　令	含　义
Configure terminal	进入全局配置模式
Mac-address-table filtering mac-addr Vlan vlan-id	Mac-addr：指定交换机过滤掉的 MAC 地址 VLAN-ID：指定该地址所属 VLAN
End	回到特权模式
Show mac-address-table filtering	验证配置
Copy running-config startup-config	保存配置

任务 2　备份交换机的配置文件

任务情境

你受聘于一家公司，从事网络管理员工作，现在某客户的交换机配置文件由于误操作或其他原因导致破坏而无法正常工作，请你给予技术支持，帮助恢复原来的配置文件。

任务分析

交换机的系统文件存储在 Flash 中，如果 Flash 中的配置文件遭到破坏，交换机将无法正常工作，因此如何管理好交换机的 Flash 文件，是网络管理员一个重要的工作之一。如果交换机的 Flash 文件损坏，则可以通过 TFTP 软件进行恢复，即从备份的交换机 Flash 文件写回到交换机中。TFTP（Trivial File Transfer Protocol）/FTP（File Transfer Protocol）都是文件传输协议，在 TCP/IP 族中处于第四层，即属于应用层协议，主要用于主机之间、主机与交换机之间传输文件。它们都采用客户机 - 服务器模式进行文件传输。TFTP 承载在 UDP 之上，提供不可靠的数据流传输服务，不提供用户认证机制以及根据用户权限提供对文件操作授权；它是通过发送包文、应答方式，加上超时重传方式来保证数据的正确传输。TFTP 相对于 FTP 的优点是提供简单的、开销不大的文件传输服务。FTP 承载于 TCP 之上，提供可靠的面向连接数据流的传输服务，但它不提供文件存取授权，以及简单的认证机制（通过明文传输用户名和密码来实现认证）。FTP 在进行文件传输时，客户机和服务器之间要建立两个连接，即控制连接和数据连接。首先由 FTP 客户机发出传送请求，与服务器的 21 号端口建立控制连接，通过控制连接来协商数据连接。由此可见，两种方式不同的特点有其不同的应用环境，局域网内备份和升级可以采用 TFTP 方式，广域网中备份和升级则最好使用 FTP 方式。

任务实施

通过以上对任务的分析，要完成这一工作任务，需要拿到客户保存或公司备份的交换机配置文件，通过反转线将 PC1 的 COM1 口与交换机的 CONSOLE 控制口连接，通过交叉线或直连线将 PC 的网卡（NIC）连接到交换机的 Fastethernet 0/1 口，并将 PC 与交换机 IP 地址合理设置，启动 TFTP Server 程序，通过超级终端登录交换机进行恢复操作，连接图如图 1-7 所示。

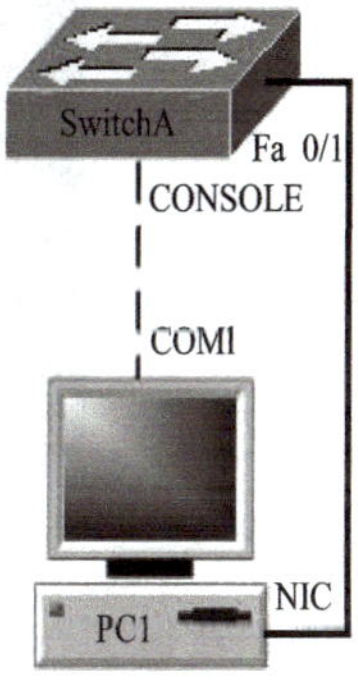

图 1-7　TFTP 备份配置文件

具体操作步骤如下。

第 1 步：进入交换机配置管理接口模式。

```
Switch>enable
Switch#configure terminal
Switch(config)#interface vlan 1
Switch(config-if)#
```

第 2 步：配置管理接口 IP 地址。

```
Switch(config-if)#ip address 192.168.0.1 255.255.255.0
Switch(config-if)#no shutdown
```

与交换机 Fa 0/1 口相连的 PC 网卡 IP 地址要与交换机管理 IP 地址在一个网段，为了验证交换机管理 IP 地址和开启状态，如图 1-8 所示显示了交换机的 VLAN1 状态。

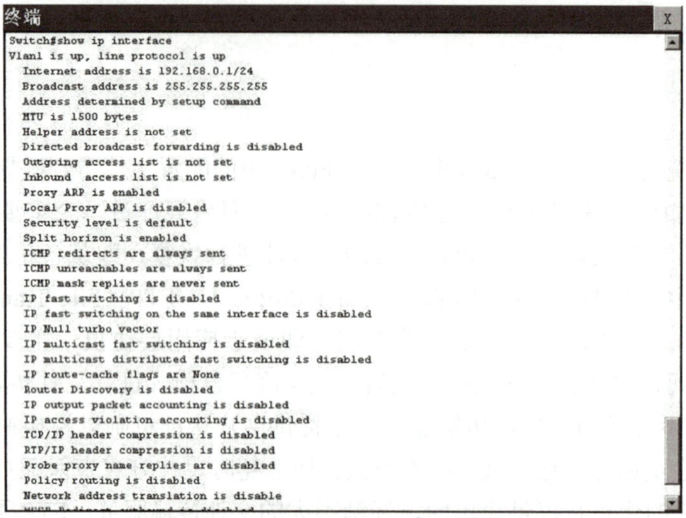

图 1-8　显示交换机管理接口 IP 地址

为了验证 TFTP 服务器与交换机的连通性，在 PC 的命令行下 PING 交换机管理 IP 地址，若连不通则查找原因，直到连通为止。如图 1-9 所示。

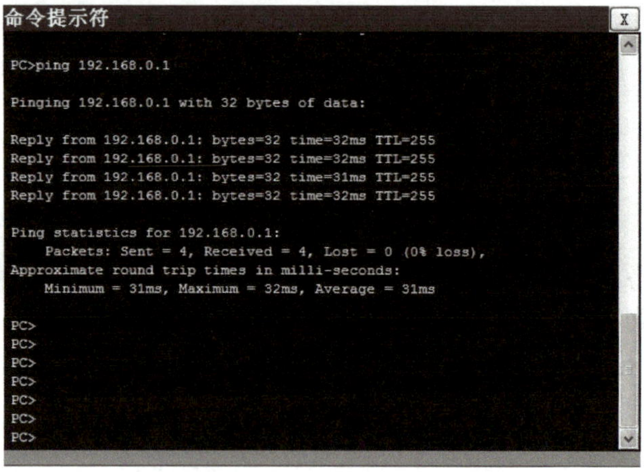

图 1-9　TFTP 服务器与交换机连通性

第 3 步：备份交换机配置文件。

1）在主机上启动 TFTP 服务器软件，通过“查看”→“选项”设置服务器根目录为 D:\tftp，如图 1-10 所示。

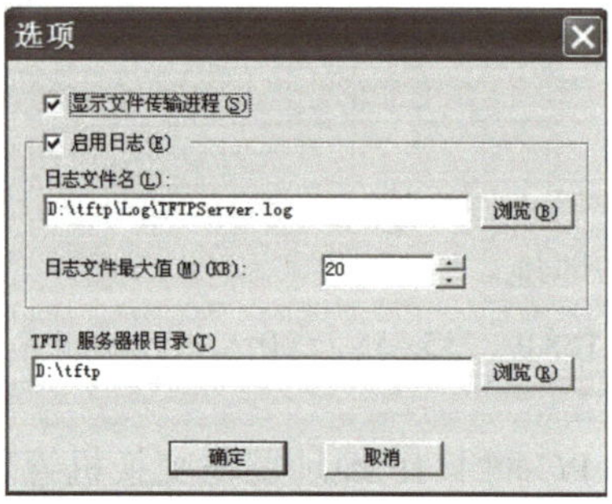

图 1-10　TFTP 根目录设置

2）执行命令 switch#copy startup-config tftp 将当前配置保存到 D 盘 tftp 目录中。

第 4 步：恢复交换机配置文件。

从 TFTP 服务器中恢复配置文件到交换机中，使用命令 switch#copy tftp startup-config，然后执行 switch#reload 命令，重启交换机，使新的配置文件生效。

相关知识

交换机系统文件存储在 Flash 中，管理 Flash 中的文件是网络管理员的一项重要工作，所以掌握有关交换机文件操作命令相当重要。

1．显示文件信息

```
Switch#dir
Directory of flash:/
    1   -rw-   4414921    <no date>    c2960-lanbase-mz.122-25.FX.bin
    64016384 bytes total (59601463 bytes free)
```

2．复制文件

在交换机特权模式下，使用 copy source-url destination-url 命令复制文件。

1）用 copy running-config startup-config 命令将当前运行的参数保存到交换机 Flash 中，用于系统重启时初始化交换机。

2）对指定的文件系统（Xmodem，TFTP）执行复制操作。目前支持在 Xmodem、TFTP、Flash 之间相互复制。

3．删除文件

使用命令 delete flash:filename 可以永久地删除 Flash 中不需要的文件。

小结

登录交换机是准备管理交换机的第一步。通过各种方式登录交换机后就可以对交换机进行相应的设置，以及对交换机的文件备份、系统升级、重写操作系统等进行操作。

实战强化

你是公司的网络管理员，你所管理的交换机操作系统已经老化，不能支持网络中新的功能的需要，为了满足网络需求，请你升级交换机操作系统。如图 1-11 所示。

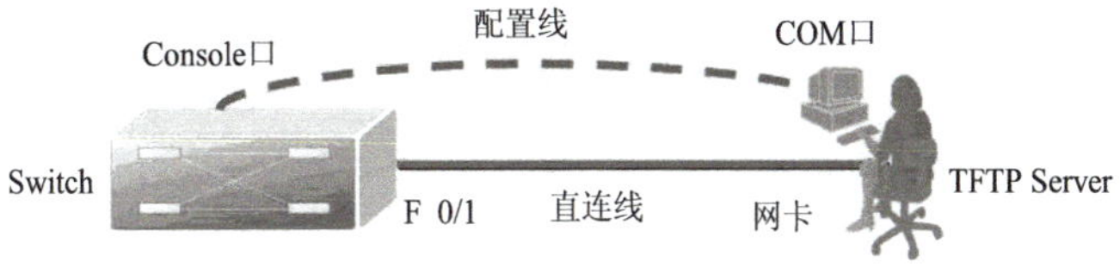

图 1-11　升级交换机操作系统

项目 2　配置交换机的 VLAN

职业能力目标

1）根据实际需要，实现单交换机的 Port VLAN 配置。

2）根据实际需要，实现两交换机的 TAG VLAN 配置，达到不同交换机与同一 VLAN 内主机相互通信的目的。

3）网络管理员能根据实际应用需求，通过对交换机 VLAN 配置，全面管理企业内部不同管理单元之间的数据通信，简化网络管理、提高网络的安全性。

任务 1　建立交换机的 VLAN

任务情境

你是某公司的网络管理员，公司有财务部、计划部、销售部等部门，为了公司的管理更加安全与便捷，公司领导要求你组建公司局域网，使各个部门内部主机之间的业务往来可以通信，但部门之间为了安全禁止互访。

任务分析

为了完成公司领导提出的任务，实现部门之间安全有效的互访，我们将交换机划分成几个 VLAN，使每个部门的主机在一个相同的 VLAN 内。具体划分为：财务部（PC101、102）在 VLAN100 中，VLAN100 包括 Fa 0/1 ～ Fa 0/8 端口；计划部（PC201、202）在 VLAN200 中，VLAN200 包括 Fa 0/9 ～ Fa 0/16 端口；销售部（PC301）在 VLAN300 中，VLAN300 包括 Fa 0/17 ～ Fa 0/24 端口。这样，在同一 VLAN 内的主机可以相互访问，不同 VLAN 内的主机不能相互访问，满足公司要求。拓扑图如图 2-1 所示。

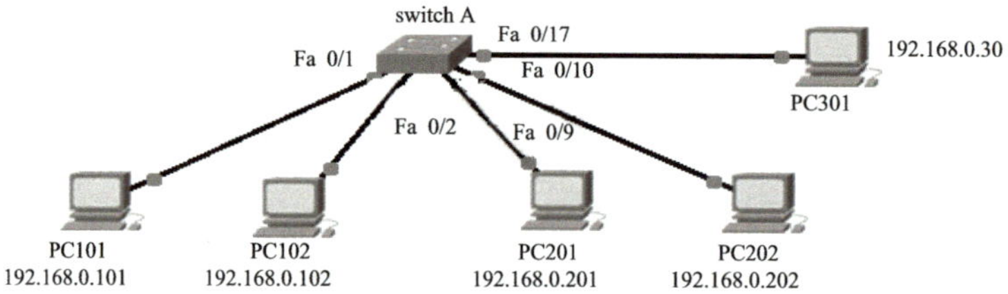

图 2-1　单交换机 VLAN 划分

任务实施

1. 配置各个 PC 的 IP 地址

在 Packet Tracer 中单击 PC101，在弹出的窗口中单击“桌面”选项卡下的“IP 地址配置”选项，出现如图 2-2 所示的窗口，在该窗口下配置 PC101 的 IP 地址。按照同样方法，分别配置好图 2-1 所示的其他 PC 的 IP 地址。由于所有计算机在同一网络地址内，因此这里没有配置网关地址。

图 2-2　配置 PC101 IP 地址

2. 创建 VLAN 并分配端口

```
switchA>enable
switchA#configure terminal
Enter configuration commands, one per line.   End with CNTL/Z.
switchA(config)#vlan 100
switchA(config-vlan)#vlan 200
switchA(config-vlan)#vlan 300
switchA(config-vlan)#exit
switchA(config)#int range fastEthernet 0/1-8
switchA(config-if-range)#switchport mode access
switchA(config-if-range)#switchport access vlan 100
switchA(config-if-range)#exit
switchA(config)#interface range fastEthernet 0/9-16
switchA(config-if-range)#switchport mode access
```

```
switchA(config-if-range)#switchport access vlan 200
switchA(config-if-range)#exit
switchA(config)#interface range fastEthernet 0/17-24
switchA(config-if-range)#switchport mode access
switchA(config-if-range)#switchport access vlan 300
switchA(config-if-range)#exit
switchA(config)#exit
```

查看 VLAN 配置情况：

```
switchA#show vlan
VLAN Name                          Status    Ports
---- -------------------------------- --------- -------------------------------
1    default                       active    Gig1/1, Gig1/2
100  VLAN0100                 active    Fa0/1, Fa0/2, Fa0/3, Fa0/4
                                             Fa0/5, Fa0/6, Fa0/7, Fa0/8
200  VLAN0200              active   Fa0/9, Fa0/10, Fa0/11, Fa0/12
                                          Fa0/13, Fa0/14, Fa0/15, Fa0/16
300  VLAN0300          active      Fa0/17, Fa0/18, Fa0/19, Fa0/20
                                          Fa0/21, Fa0/22, Fa0/23, Fa0/24
1002 fddi-default                      act/unsup
1003 token-ring-default                act/unsup
1004 fddinet-default                   act/unsup
1005 trnet-default                     act/unsup
```

3. 测试

在 Packet Tracer 中单击 PC101，在弹出的窗口中单击“桌面”选项卡下的“命令提示符”，输入 PING 192.168.0.102；PING 192.168.0.202，测试结果如图 2-3、图 2-4 所示。其中 PC101 与 PC102 在同一 VLAN 内，能够 PING 通；PC102 与 PC202 不在同一 VLAN 内，不能 PING 通。

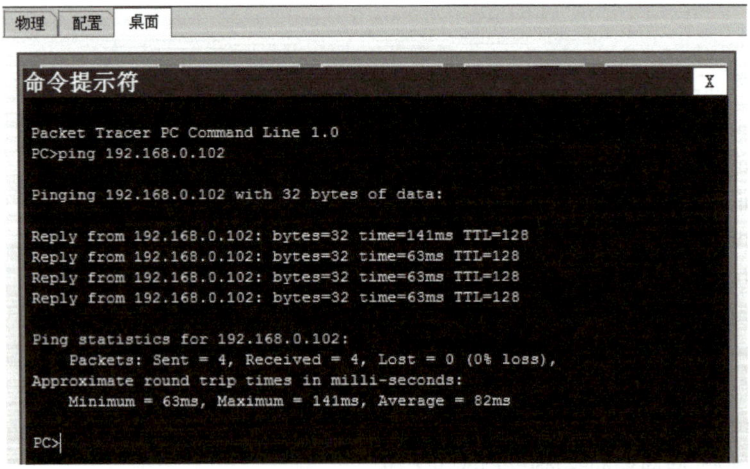

图 2-3　PING 192.168.0.102 测试结果

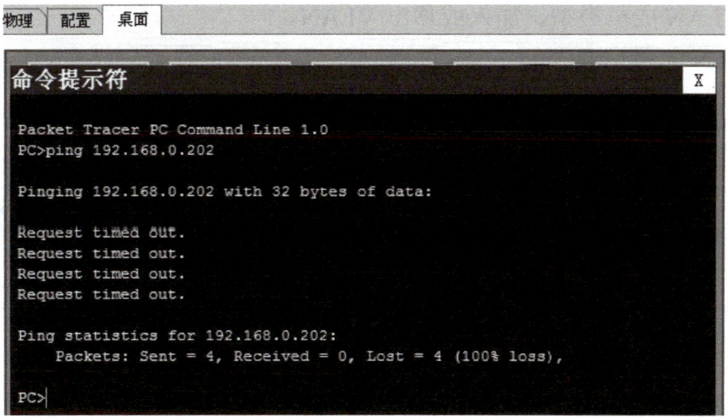

图 2-4　PING 192.168.0.202 测试结果

相关知识

1. 什么是 VLAN

VLAN 是虚拟局域网（Virtual Local Area Network）的简称，它是在一个物理网络上划分出来的逻辑网络，按照功能、部门及应用等因素划分成工作组，形成一个个虚拟网络，不需要考虑设备所处的物理位置，就可以直接为虚拟网络上的设备或用户提供服务。VLAN 的划分不受网络端口的实际物理位置限制，和普通物理网络有着同样的属性。一个 VLAN 是一个广播域，第二层的单播、多播和广播帧在同一 VLAN 内转发、扩散，而不会直接进入其他 VLAN 之中。所以，如果一个端口所连接的主机想要和它不在同一 VLAN 内的主机通信，则必须通过路由器或三层交换机才能实现。

在交换机组成的网络中，交换机速度快，可以提高数据交换速度。但是由于所有主机都在一个广播域，也就是说，一台主机向外发送的广播包其他所有主机都能收到，所以如果网络规模较大，网络中的大量广播包就会占用很大的网络资源，严重影响了网络性能，也影响了交换网络的发展。VLAN 技术很好地解决了交换网络中划分广播域的问题，运用 VLAN 技术可以对交换网络进行隔离划分，划分到同一 VLAN 的主机属于一个广播域，这样划分出来的网络是逻辑网络，并且划分出来的 VLAN 端口不受地理位置限制，即不同交换机上的端口可以划分到一个 VLAN 中来。VLAN 划分的种类有很多，如基于端口的划分、基于协议的划分、基于 MAC 地址的划分等，目前应用较多的是基于端口的划分，因为这种划分方法简单易用。

2. VLAN 成员类型

基于端口划分的 VLAN 有两种类型，即 Port VLAN 和 Tag VLAN。被设置为 Port VLAN 的端口叫 Access 端口，只能属于一个 VLAN，通常用来连接主机；被设置为 Tag VLAN 的端口叫 Trunk 口，属于所有 VLAN，能够转发所有 VLAN 的帧，通常用来连接需要通信的不同 VLAN，实现不同 VLAN 的通信。

3. 配置 VLAN

一个 VLAN 是以 VLAN ID 来标志的，VLAN ID 从“1 ～ 4096”，可以添加、删除、修改，其中 VLAN 1 由交换机自动建立，不可以删除。可以使用“Interface”配置模式来配置一个端口的 VLAN 成员类型、加入或移出 VLAN。

默认的 VLAN 配置见表 2-1。

表 2-1　默认的 VLAN 配置

参　数	默 认 值	范　围
VLAN ID	1	1～4096
VLAN name	VLAN××××，××××是 VLAN ID 数	无范围
VLAN state	Active	Active，Inactive

在特权模式下，可以通过表 2-2 所示的步骤，创建、修改一个 VLAN。

表 2-2　创建、修改 VLAN 步骤

步　骤	命　令	含　义
步骤 1	Configure terminal	进入全局配置模式
步骤 2	Vlan vlan id	输入一个 VLAN ID。如果输入的是一个新的 VLAN ID，则交换机创建一个 VLAN；如果输入的是已经存在的 VLAN，则修改相应的 VLAN
步骤 3	Name vlan-name	（可选）为 VLAN 取一个名字，如果没有这一步，则交换机会自动为它起一个名字 VLAN××××，期中 ××××是 0 开头的四位 VLAN ID 号
步骤 4	end	回到特权命令模式
步骤 5	Show vlan	显示交换机 VLAN，看是否正确建立
步骤 6	Copy running-config startup config	将配置保存在配置文件中

在特权模式下，可以通过表 2-3 所示的步骤，删除一个 VLAN。

表 2-3　删除 VLAN 步骤

步　骤	命　令	含　义
步骤 1	Configure terminal	进入全局配置模式
步骤 2	No Vlan vlan id	输入一个 VLAN ID，删除它
步骤 3	end	回到特权命令模式
步骤 4	Show vlan	显示交换机 VLAN，看是否正确删除
步骤 5	Copy running-config startup config	将配置保存在配置文件中

在特权模式下，可以通过表 2-4 所示的步骤，为一个 VLAN 分配 Access 口。

表 2-4　将端口分配到 VLAN 中的步骤

步　骤	命　令	含　义
步骤 1	Configure terminal	进入全局配置模式
步骤 2	Interface interface-id	输入一个想加入 VLAN 的 interface id
步骤 3	Switchport mode access	定义该端口的 VLAN 成员类型（access 型）
步骤 4	Switchport access vlan vlan-id	将这个端口分配给 VLAN
步骤 5	end	回到特权命令方式
步骤 6	Show interface interface-id switchport	检查接口完整信息
步骤 7	Copy running-config startup config	（可选）将配置保存在配置文件中

知识拓展

1. 交换机接口

交换机接口类型见表 2-5。

表 2-5　交换机接口类型

类　型	模　式	描　述
Access Port	2 层口	实现 2 层交换功能，且只转发来自同一个 VLAN 的帧
Trunk Port	2 层口	实现 2 层交换功能，可转发来自多个 VLAN 的帧
L2 Aggregate Port	2 层口	由多个物理接口组成的一个高速传输通道
Routed Port	3 层口	用单个物理接口构成的三层网关接口
SVI	3 层口	用多个物理接口构成的三层网关接口
L3 Aggregate Port	3 层口	由多个物理接口组成的一个高速三层网关接口

交换机接口的默认配置见表 2-6。

表 2-6　交换机接口的默认配置

参　数	默 认 设 置
工作模式	2 层交换模式
接口类型	Access Port
默认 VLAN	VLAN 1
接口状态	UP（激活）
接口描述	无
工作速度	自协商
双工模式	自协商
流控	关闭
风暴控制	关闭
接口保护	关闭
接口安全	关闭

2. 交换机接口的配置方法

配置接口时，可以配置单个接口，也可以成组配置多个接口。

配置单个接口：

```
Switch(config)#interface port-ID
Switch(config-if)# 配置接口参数
```

interface 命令用于指定一个接口，之后的命令都是针对此接口的。

说明：interface 命令可以在全局配置模式下执行，此时会进入接口配置模式，它也可以在接口配置模式下执行，所以配置完一个接口后，可直接用 interface 命令指定下一个接口。

参数：port-ID 是接口的标志，它可以是一个物理接口，也可以是一个 VLAN（此时应该把 VLAN 理解为一个接口），或者是一个 Aggregate Port。

配置举例：配置交换机的 IP 地址为 192.168.1.5，并把接口 fastethernet0/1 和 fastethernet0/2 设置为全双工模式。

```
Switch>enable
Switch#configure terminal
Switch(config)#interface vlan 1
Switch(config-if)#ip address 192.168.1.5 255.255.255.0
Switch(config-if)#interface f0/1
Switch(config-if)#duplex full
Switch(config-if)#interface f0/2
Switch(config-if)#duplex full
Switch(config-if)#end
Switch#
```

说明：当交换机没有 3 层口时，所有接口都属于 VLAN1，所以 VLAN1 的 IP 地址就是交换机的 IP 地址。

成组配置接口：

如果有多个接口需要配置相同的参数时，则可以成组配置这些接口。

```
Switch(config)#interface range port-range
Switch(config-if)# 配置接口参数
```

参数：port-range 是接口的范围，它可以指定多个范围段，各范围段之间用逗号隔开。

说明：port-range 指定接口范围可以是物理接口范围，也可以是一个 VLAN 范围。如 f0/1-6、vlan 2-4 等。

注意：在 interface range 中的接口必须是相同类型的接口。

配置举例：配置交换机的接口 fastethernet0/1~fastethernet0/12 的速度为 100Mbit/s，并把 fastethernet0/1~fastethernet0/3 和 fastethernet0/7~fastethernet0/10 分配给 VLAN2。

```
Switch>enable
Switch#configure terminal
Switch(config)#interface range f0/1-12
Switch(config-if)#speed 100
Switch(config-if)#interface range f0/1-3,0/7-10
Switch(config-if)#switchport access vlan 2
Switch(config-if)#end
Switch#
```

任务 2　控制跨交换机相同 VLAN 通信（1）

任务情境

你是某公司的网络管理员，公司有财务部、计划部、销售部等部门，其中销售部的计算机分布在几座楼内，为了公司的管理更加安全与便捷，公司领导要求你组建公司局域网，使各个部门内部主机之间的业务往来可以通信，但部门之间为了安全禁止互访。

任务分析

为了完成公司领导提出的任务，实现部门之间安全有效的互访，我们将交换机划分成几个 VLAN，使每个部门的主机在一个相同的 VLAN 内。具体划分为：财务部（PC101）在 VLAN100 中，VLAN100 包括 Fa 0/1 ～ Fa 0/7 端口；计划部（PC201）在 VLAN200 中，VLAN200 包括 Fa 0/8 ～ Fa 0/16 端口；销售部（PC301、302）的计算机在不同的交换机上的 VLAN300 中，VLAN300 包括 Fa 0/17 ～ Fa 0/20 端口，并且两个交换机相连的接口 Fa 0/24 设为 Trunk 类型，所以 VLAN 数据都可以通过 Trunk 口从一台交换机某一 VLAN 到达另一台交换机同一 VLAN，这样，在同一 VLAN 内的主机可以相互访问，不同部门的计算机不在一个 VLAN 内，不能互访。网络拓扑如图 2-5 所示。

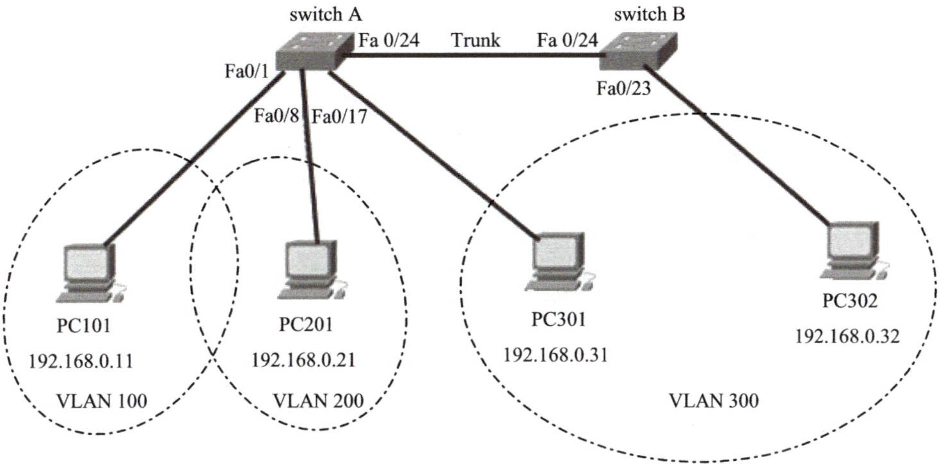

图 2-5　跨交换机 VLAN 间通信

任务实施

1. 配置各个 PC 的 IP 地址

在 Packet Tracer 中单击 PC101，在弹出的窗口中单击“桌面”选项卡下的“IP 地址配置”选项，出现图 2-6 所示的窗口，在该窗口下配置 PC101 的 IP 地址。按照同样方法，分别配置好图 2-5 所示的其他 PC 的 IP 地址。由于所有计算机在同一网络地址内，因此这里没有配置网关地址。

2. 创建 VLAN 并分配端口

交换机 SWITCH A 配置：

第 1 步：进入全局配置模式。

```
SwitchA>
SwitchA>enable
SwitchA#config terminal
```

```
Enter configuration commands, one per line.  End with CNTL/Z.
```

第 2 步：创建 VLAN 并分配端口。

```
SwitchA(config)#vlan 100
SwitchA(config-vlan)#vlan 200
```

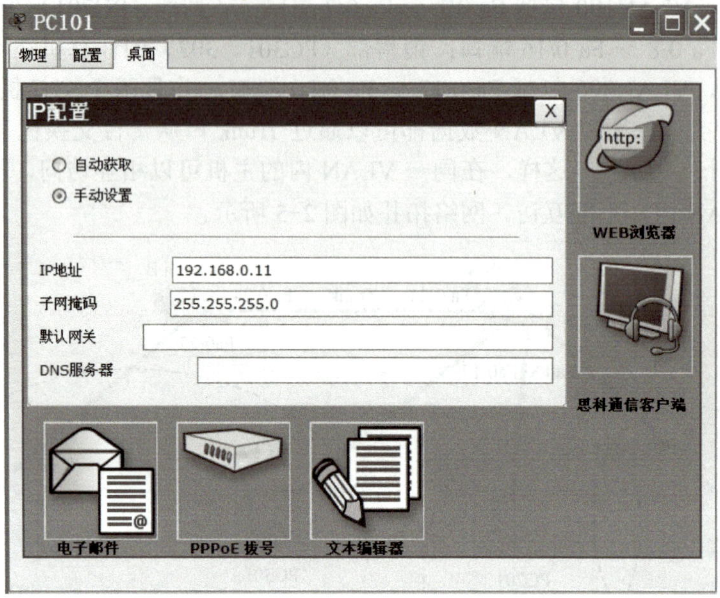

图 2-6　配置 PC101 IP 地址

```
SwitchA(config-vlan)#vlan 300
SwitchA(config-vlan)#exit
SwitchA(config)#interface range fastEthernet 0/1-7
SwitchA(config-if-range)#switchport mode access
SwitchA(config-if-range)#switchport access vlan 100
SwitchA(config-if-range)#interface range fastEthernet 0/8-16
SwitchA(config-if-range)#switchport mode access
SwitchA(config-if-range)#switchport access vlan 200
SwitchA(config-if-range)#interface range fastEthernet 0/17-20
SwitchA(config-if-range)#switchport mode access
SwitchA(config-if-range)#switchport access vlan 300
SwitchA(config-if-range)#exit
SwitchA(config-if)#interface fastEthernet 0/24
SwitchA(config-if)#switchport mode trunk
%LINEPROTO-5-UPDOWN: Line protocol on Interface FastEthernet0/24, changed state to down
%LINEPROTO-5-UPDOWN: Line protocol on Interface FastEthernet0/24, changed state to up
SwitchA(config-if)#no shutdown
```

查看 VLAN 及端口配置情况：

```
SwitchA#show running-config
Building configuration...
```

```
Current configuration : 2072 bytes
version 12.2
no service timestamps log datetime msec
no service timestamps debug datetime msec
no service password-encryption
hostname Switch
interface FastEthernet0/1
switchport access vlan 100
switchport mode access
interface FastEthernet0/2
switchport access vlan 100
switchport mode access
interface FastEthernet0/3
switchport access vlan 100
switchport mode access
interface FastEthernet0/4
switchport access vlan 100
switchport mode access
interface FastEthernet0/5
switchport access vlan 100
switchport mode access
interface FastEthernet0/6
switchport access vlan 100
switchport mode access
interface FastEthernet0/7
switchport access vlan 100
switchport mode access
interface FastEthernet0/8
switchport access vlan 200
switchport mode access
interface FastEthernet0/9
switchport access vlan 200
switchport mode access
interface FastEthernet0/10
switchport access vlan 200
switchport mode access
interface FastEthernet0/11
switchport access vlan 200
switchport mode access
interface FastEthernet0/12
switchport access vlan 200
switchport mode access
interface FastEthernet0/13
```

```
switchport access vlan 200
switchport mode access
interface FastEthernet0/14
switchport access vlan 200
switchport mode access
interface FastEthernet0/15
switchport access vlan 200
switchport mode access
interface FastEthernet0/16
switchport access vlan 200
switchport mode access
interface FastEthernet0/17
switchport access vlan 300
switchport mode access
interface FastEthernet0/18
switchport access vlan 300
switchport mode access
interface FastEthernet0/19
switchport access vlan 300
switchport mode access
interface FastEthernet0/20
switchport access vlan 300
switchport mode access
interface FastEthernet0/21
interface FastEthernet0/22
interface FastEthernet0/23
interface FastEthernet0/24
switchport mode trunk
interface GigabitEthernet1/1
interface GigabitEthernet1/2
interface Vlan1
no ip address
shutdown
line con 0
line vty 0 4
login
line vty 5 15
login
end
```

交换机 SWITCH B 配置：

第 1 步：进入全局配置模式。

```
SwitchB#enable
```

```
SwitchB#config terminal
Enter configuration commands, one per line.  End with CNTL/Z.
```

第 2 步：创建 VLAN 并分配端口。

```
SwitchB(config)#vlan 300
SwitchB(config-vlan)#exit
SwitchB(config)#interface fastEthernet 0/23
SwitchB(config-if)#switchport mode access
SwitchB(config-if)#switchport access vlan 300
SwitchB(config-if)#exit
SwitchB(config)#interface fastEthernet 0/24
SwitchB(config-if)#switchport mode trunk
SwitchB(config-if)#no shutdown
```

查看 VLAN 及接口配置情况：

```
SwitchB#show running-config
Building configuration...
Current configuration : 1084 bytes
version 12.2
no service timestamps log datetime msec
no service timestamps debug datetime msec
no service password-encryption
hostname Switch
interface FastEthernet0/1
interface FastEthernet0/2
interface FastEthernet0/3
interface FastEthernet0/4
interface FastEthernet0/5
interface FastEthernet0/6
interface FastEthernet0/7
interface FastEthernet0/8
interface FastEthernet0/9
interface FastEthernet0/10
interface FastEthernet0/11
interface FastEthernet0/12
interface FastEthernet0/13
interface FastEthernet0/14
interface FastEthernet0/15
interface FastEthernet0/16
interface FastEthernet0/17
interface FastEthernet0/18
interface FastEthernet0/19
interface FastEthernet0/20
interface FastEthernet0/21
```

```
interface FastEthernet0/22
interface FastEthernet0/23
switchport access vlan 300
switchport mode access
interface FastEthernet0/24
switchport mode trunk
interface GigabitEthernet1/1
interface GigabitEthernet1/2
interface Vlan1
no ip address
shutdown!
line con 0
line vty 0 4
login
line vty 5 15
login
end
```

3. 测试

在 PacketTracer 中单击 PC301，在弹出的窗口中单击“桌面”选项卡下的“命令提示符”，输入 PING 192.168.0.32，测试结果如图 2-7 所示，表示 PC301 与 PC302 能够 PING 通。

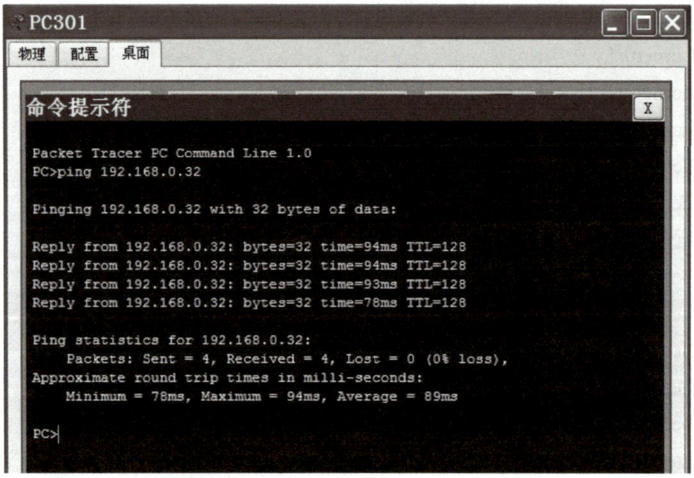

图 2-7　PING 192.168.0.32 测试结果

相关知识

1. Trunk 概述

Trunk 是将一个或多个以太网交换机接口和其他网络设备（如路由器或交换机）连接的点对点链路，一个 Trunk 可以在一条链路上传输多个 VLAN 的流量。

将端口设为 Port VLAN 可以实现在同一交换机上同一 VLAN 的主机间通信，但是需要跨交换机的两台主机间通信时，交换机相连的端口必须属于此 VLAN，当两台交换机上有 3 个 VLAN 时，就需要 3 条链路连接交换机，这种方法显然不可取，解决办法是用一条链路连接两台交换机，并且设置此链路属于所有 VLAN，这种 VLAN 叫做 Tag VLAN，设为 Tag VLAN 的端口叫做 Trunk 口。Tag VLAN 的特点是可以传输多个 VLAN 数据，默认属于所有 VLAN，可以实现跨交换机的同一 VLAN 的主机通信，也可以通过设置使 Trunk 口不属于某些 VLAN。

在跨交换机的同 VLAN 通信中，数据都需要打上 Tag 标签，这对数据的转发速度会产生影响。如果将某一 VLAN 设为 Native VLAN 后，那么此 VLAN 的主机跨交换机通信的数据帧将不需要打 Tag 标签，从而提高了数据转发速度。

可以把一个普通的交换机以太网端口设为 Trunk 口，也可以把设为 Trunk 口的交换机端口再设为 Access 口，即一个端口可以在 Trunk 模式和 Access 模式间转换，具体命令如下。

将端口设为 ACCESS 模式命令：

```
Switch(config)#switchport mode access [vlan vlan-id]
```

将端口设为 TRUNK 模式命令：

```
Switch(config)#switchport mode trunk
```

说明：可以为一组端口设为 Access 模式和 Trunk 模式。

2. 配置交换机 Trunk 端口

Trunk 端口的基本配置见表 2-7。

表 2-7　交换机端口 Trunk 模式基本配置

步　骤	命　令	含　义
步骤 1	Configure terminal	进入全局配置模式
步骤 2	Interface interface-id	输入想要配置成 Trunk 口的 interface-id
步骤 3	Switchport mode trunk	定义该接口的类型为二层 trunk 口
步骤 4	Switchport trunk allowed vlan {all [add |remove|except]} vlan-list	（可选）配置这个 Trunk 口的许可 VLAN 列表
步骤 5	End	回到特权命令模式
步骤 6	Show interface interface-id switchport	显示接口信息
步骤 7	Copy running-config startup config	（可选）将配置保存进配置文件

知识拓展

1. 配置接口的速率

S3550 的接口都是具有多种速率的自适应接口，FastEthernet 接口有 10/100M 两种速率，GigabitEthernet 接口有 10/100/1000M 3 种速率，默认情况下，它们用自协商方式确定其工作速率，也可以使用配置命令指定它们只使用某一个固定速率。

模式：在接口配置模式中配置。

配置命令：

```
Switch(config)#interface port-ID
Switch(config-if)#speed 10 | 100 | 1000 | auto
```

interface 命令用于指定要配置的接口。指定的接口可以是物理接口或 Aggregate Port 接口。

speed 命令用于设置此接口的速率。

参数： 10——10Mbit/s，100——100Mbit/s，1000——1000Mbit/s（只能用于 GigabitEthernet 接口），auto——使用自协商模式（默认值）。

说明： 当接口速率不是 auto 时，自协商过程被关闭，此时要求与该接口相连的设备必须支持此速率。

删除配置的速率：

```
Switch(config)#interface port-ID
Switch(config-if)#no speed
```

删除配置的速率后，此接口的速率默认为 auto。

配置举例： 配置交换机的 fastethernet0/1 口速率为 100Mbit/s。

```
Switch>enable
Switch#configure terminal
Switch(config)#interface f0/1
Switch(config-if)#speed 100
Switch(config-if)#end
Switch#
```

配置的接口速率可以在配置文件中看到。

2. 配置接口的双工模式

S3550 的接口可工作于半双工模式或全双工模式，默认情况下，它们用自协商方式确定其双工模式。也可以使用配置命令指定它们只使用某一种双工模式。

模式： 在接口配置模式中配置。

配置命令：

```
Switch(config)#interface port-ID
Switch(config-if)#duplex auto | half | full
```

interface 命令用于指定要配置的接口。指定的接口可以是物理接口或Aggregate Port接口。

duplex 命令用于设置此接口的双工模式。

参数： auto——使用自协商模式（默认值），half——半双工模式，full——全双工模式。

说明： 当双工模式不是 auto 时，自协商过程被关闭，此时要求与该接口相连的设备必须支持此双工模式。

删除配置的双工模式：

```
Switch(config)#interface port-ID
Switch(config-if)#no duplex
```

删除配置的双工模式后，此接口的双工模式默认为 auto。

配置举例： 配置交换机的 fastethernet0/1 口双工模式为全双工模式。

```
Switch>enable
Switch#configure terminal
Switch(config)#interface f0/1
Switch(config-if)#duplex full
Switch(config-if)#end
Switch#
```

配置的接口双工模式可以在配置文件中看到。

3. 禁用 / 启用交换机接口

交换机的所有接口默认是启用的，此时接口的状态为 Up。如果禁用了一个接口，则该接口不能收发任何帧，此时接口的状态为 Down。

模式：在接口配置模式中配置。

禁用指定接口：

```
Switch(config)#interface port-ID
Switch(config-if)#shutdown
```

启用指定接口：

```
Switch(config)#interface port-ID
Switch(config-if)#no shutdown
```

说明：interface 指定的接口可以是物理接口、VLAN 或 Aggregate Port 接口。

配置举例：禁用交换机的 fastethernet0/1 口。

```
Switch>enable
Switch#configure terminal
Switch(config)#interface f0/1
Switch(config-if)#shutdown
Switch(config-if)#end
Switch#
```

4. 查看交换机接口信息

在特权模式下，用 show interfaces 命令可以查看交换机指定接口的设置和统计信息。

模式：特权模式。

命令：

```
Switch#show interfaces [port-ID] [counters | description | status | switchport | trunk]
```

参数：

port-ID：可选，指定要查看的接口，可以是物理接口、VLAN 或 Aggregate Port 接口。

counters：可选，只查看接口的统计信息。

description：可选，只查看接口的描述信息。

status：可选，查看接口的各种状态信息，包括速率、双工等。

switchport：可选，查看二层接口信息，只对二层口有效。

trunk：可选，查看接口的 Trunk 信息。

说明：如果未指定参数，则显示所有接口信息。

配置举例：查看交换机的 fastethernet0/1 口的信息。

```
Switch>enable
Switch#show interfaces f0/1
Interface : FastEthernet0/1
Description : to-PC1
AdminStatus : up
OperStatus : down
Medium-type : fiber
```

```
Hardware : GBIC
Mtu : 1500
LastChange : 0d:0h:0m:0s
AdminDuplex : Auto
OperDuplex : Unknown
AdminSpeed : Auto
OperSpeed : Unknown
FlowControlAdminStatus : Auto
FlowControlOperStatus : Off
Priority : Auto
```

任务 3　控制跨交换机相同 VLAN 通信（2）

任务情境

你是某公司的网络管理员，公司有财务部、计划部、销售部等部门，其中销售部、财务部的计算机分布在几座楼内，为了公司的管理更加安全与便捷，公司领导要求你组建公司局域网，使各个部门内部主机之间的业务往来可以通信，但财务部门计算机只有楼内可以互访，部门之间为了安全禁止互访。

任务分析

为了完成公司领导提出的任务，实现部门之间安全有效的互访，我们将交换机划分成几个 VLAN，使每个部门的主机在一个相同的 VLAN 内。具体划分为：计划部在 VLAN100 中，VLAN100 包括 Fa 0/1 ～ Fa 0/7 端口；财务部在不同交换机的 VLAN200 中，VLAN200 包括 Fa 0/8 ～ Fa 0/16 端口；销售部的计算机在不同的交换机上的 VLAN300 中，VLAN300 包括 Fa 0/17 ～ Fa 0/20 端口，并且两个交换机相连的接口 Fa 0/24 设为 Trunk 类型，移除 VLAN 200，使得不同楼内的财务部主机不能互访，在同一楼内同一 VLAN 内的主机和不同楼内的销售部主机可以相互访问，网络拓扑如图 2-8 所示。

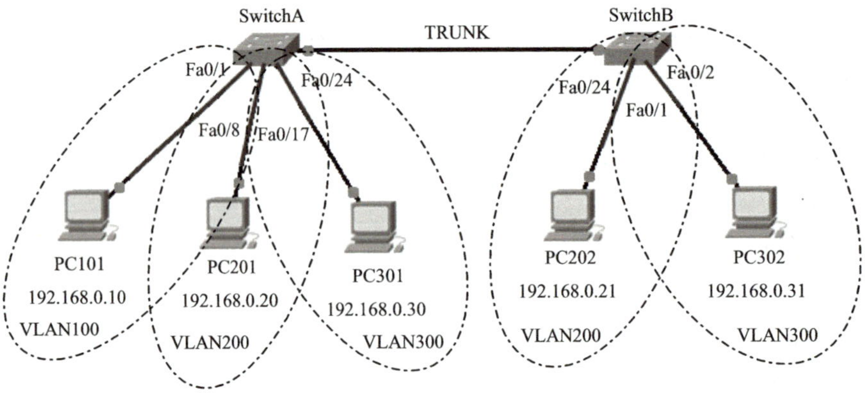

图 2-8　跨交换机 VLAN 通信控制

任务实施

1. 配置各个主机 IP 地址

在 PacketTracer 中单击 PC101，在弹出的窗口中单击“桌面”选项卡下的“IP 地址配置”选项，得到如图 2-9 所示的窗口，在该窗口下配置 PC101 的 IP 地址。按照同样方法，分别配置好如图 2-8 所示的其他 PC 的 IP 地址。由于所有计算机在同一网络地址内，因此这里没有配置网关地址。

图 2-9　IP 地址配置

2. 创建 VLAN 并分配端口

交换机 SWITCH A 配置：

```
SwitchA>
SwitchA>enable
SwitchA#config terminal
Enter configuration commands, one per line.  End with CNTL/Z.
SwitchA(config)#vlan 100
SwitchA(config-vlan)#vlan 200
SwitchA(config-vlan)#vlan 300
SwitchA(config-vlan)#exit
SwitchA(config)#interface range fastEthernet 0/1-7
SwitchA(config-if-range)#switchport mode access
SwitchA(config-if-range)#switchport access vlan 100
SwitchA(config-if-range)#exit
SwitchA(config)#interface range fastEthernet 0/8-16
SwitchA(config-if-range)#switchport mode access
```

```
SwitchA(config-if-range)#switchport access vlan 200
SwitchA(config-if-range)#exit
SwitchA(config)#interface range fastEthernet 0/17-20
SwitchA(config-if-range)#switchport mode access
SwitchA(config-if-range)#switchport access vlan 300
SwitchA(config-if-range)#exit
SwitchA(config)#interface fastEthernet 0/24
SwitchA(config-if)#switchport Mode Trunk
%LINEPROTO-5-UPDOWN: Line protocol on Interface FastEthernet0/24, changed state to down
%LINEPROTO-5-UPDOWN: Line protocol on Interface FastEthernet0/24, changed state to up
SwitchA(config-if)#switchport trunk allowed vlan remove 200
SwitchA(config-if)#no shutdown
```

交换机 SWITCH B 配置：

```
SwitchB>
SwitchB>enable
SwitchB#configure terminal
Enter configuration commands, one per line.  End with CNTL/Z.
SwitchB(config)#vlan 200
SwitchB(config-vlan)#vlan 300
SwitchB(config-vlan)#exit
SwitchB(config)#interface fastEthernet 0/1
SwitchB(config-if)#switchport mode access
SwitchB(config-if)#switchport access vlan 200
SwitchB(config-if)#exit
SwitchB(config)#interface fastEthernet 0/2
SwitchB(config-if)#switchport mode access
SwitchB(config-if)#switchport access vlan 300
SwitchB(config-if)#exit
SwitchB(config)#interface fastEthernet 0/24
SwitchB(config-if)#switchport mode trunk
SwitchB(config-if)#no shutdown
SwitchB(config-if)#
```

3. 测试

在 PacketTracer 中单击 PC201，在弹出的窗口中单击“桌面”选项卡下的“命令提示符”，输入 PING 192.168.0.21，测试结果如图 2-10 所示。

由于 PC201 与 PC202 虽然在同一 VLAN 内，但该 VLAN 已被移除，TRUNK 口不能通过 VLAN200 数据，所以不能 PING 通。

在 Packet Tracer 中单击 PC301，在弹出的窗口中单击“桌面”选项卡下的“命令提示符”，输入 PING 192.168.0.31，测试结果如图 2-11 所示。由于 PC301 与 PC302 不在同一 VLAN 300 内，所以能够 PING 通。

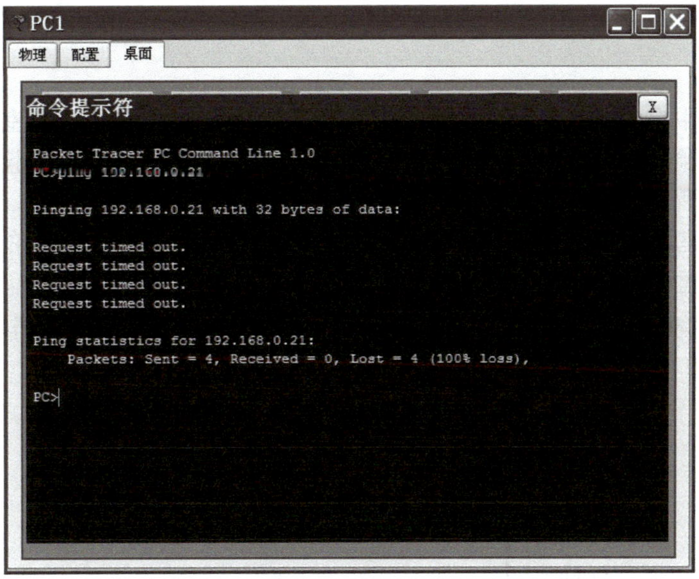

图 2-10　PING 192.168.0.21 测试结果

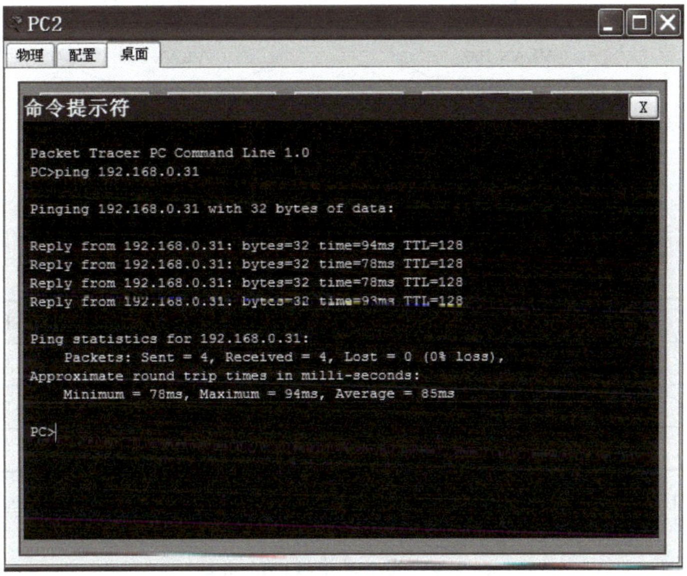

图 2-11　PING 192.168.0.31 测试结果

小结

本章主要介绍了 VLAN 的建立、端口的分配以及跨交换机相同 VLAN 的通信与控制方法，通过 VLAN 的建立可以有效地防止广播风暴的产生，同时通过 TRUNK 的设置还能够控制、选择跨交换机相互通信的 VLAN。

实战强化

学校实验楼中有两个实验室位于同一楼层，一个是计算机软件实验室，一个是多媒体实验室，两个实验室的信息端口都连接在一台交换机上。学校已经为实验楼分配了固定的IP地址段，为了保证两个实验室的相对独立，就需要划分对应的VLAN，使交换机某些端口属于软件实验室，某些端口属于多媒体实验室，这样就能保证它们之间的数据互不干扰，也不影响各自的通信效率。网络拓扑图如图2-12所示。

要求使得VLAN100的成员能够互相访问，VLAN200的成员能够互相访问；VLAN100和VLAN200成员之间不能互相访问。

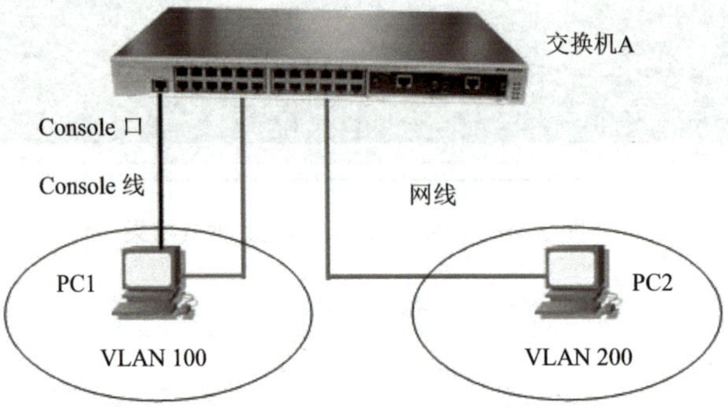

图2-12　网络拓扑图

PC的IP地址及掩码见表2-8。

表2-8　PC机IP地址及掩码

设　　备	IP 地址	Mask
交换机 A	192.168.1.11	255.255.255.0
PC1	192.168.1.101	255.255.255.0
PC2	192.168.1.102	255.255.255.0

在交换机上划分两个基于端口的VLAN：VLAN100、VLAN200，具体端口分配见表2-9。

表2-9　两个基于端口的VLAN

VLAN	端 口 成 员
100	1 ～ 8
200	9 ～ 16

项目3　配置交换机的生成树协议与聚合端口

职业能力目标

1）掌握解决交换网络中环路问题并提供冗余链路的方法。
2）掌握生成树、快速生成树协议的配置方法。
3）掌握以太网端口聚合的配置方法。

任务1　配置生成树协议

任务情境

公司的两个部门分别通过两台交换机接入公司网络，这两个部门平时经常有业务往来，要求保持两个部门的网络畅通。为了提高网络的可靠性，你作为网络管理员用两条线路将交换机互连，使网络既有冗余，又避免环路。

任务分析

对于这项任务，我们在两台交换机上分别启动生成树协议，使两条链路中的一条处于工作状态，另一条处于备份状态。当处于工作状态的链路出现故障时，备份链路在最短时间内投入使用，保证网络畅通。拓扑图如图3-1所示。

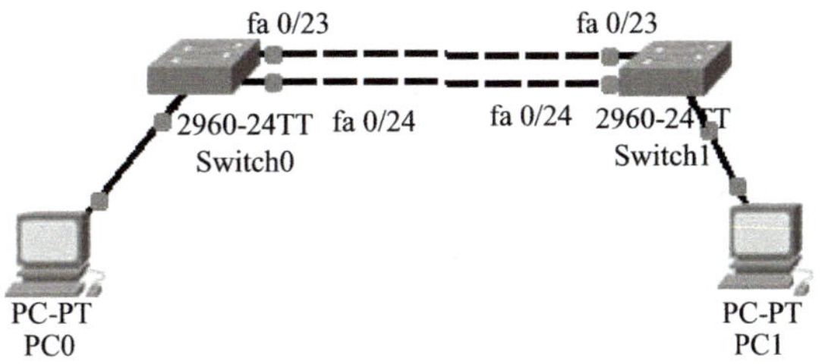

图3-1　生成树协议配置网络拓扑图

任务实施

1. 交换机 Switch0 配置

第 1 步：进入全局配置模式。

```
Switch0#enable
Switch0#configure terminal
Configuring from terminal, memory, or network [terminal]?
Enter configuration commands, one per line.  End with CNTL/Z.
```

第 2 步：启用生成树协议。

```
Switch0（config)#spanning-tree vlan 1
```

第 3 步：将 Switch0 设为根交换机。

```
Switch0(config)#spanning-tree vlan 1 priority 4096
```

配置交换机优先级时，优先级的值在 0 ～ 61440 之间，为 0 或 4096 的倍数，默认值为 32768。

第 4 步：将 fa 0/23 端口优先级设为高于 fa 0/24 端口。

```
Switch0(config)#int fa 0/23
Switch0(config-if)#spanning-tree vlan 1 port-priority 32
```

配置端口优先级时，端口优先级的值在 0 ～ 240 之间，为 0 或 16 的倍数，默认值为 128。

```
Switch0(config-if)#exit
Switch0(config)#exit
```

第 5 步：显示 Switch0 交换机生成树协议状态。

```
Switch0#show spanning-tree
VLAN0001
  Spanning tree enabled protocol ieee
  Root ID    Priority    4097
             Address     00D0.D372.579B
             This bridge is the root
             Hello Time  2 sec   Max Age 20 sec   Forward Delay 15 sec

  Bridge ID  Priority    4097   (priority 4096 sys-id-ext 1)
             Address     00D0.D372.579B
             Hello Time  2 sec   Max Age 20 sec   Forward Delay 15 sec
             Aging Time  20

Interface        Role Sts Cost      Prio.Nbr Type
---------------- ---- --- --------- -------- --------------------------------
Fa0/23           Desg FWD 19        32.23    P2p
Fa0/24           Altn BLK 19        128.24   P2p
Fa0/1            Desg FWD 19        128.1    P2p
```

2. 交换机 Switch1 配置

第 1 步：进入全局配置模式。

```
Switch1#enable
```

```
Switch1#configure terminal
Configuring from terminal, memory, or network [terminal]?
Enter configuration commands, one per line.  End with CNTL/Z.
```

第 2 步：启用生成树协议。

```
Switch1(config)#spanning-tree vlan 1
```

第 3 步：显示 Switch1 交换机生成树协议状态。

```
Switch1#show spanning-tree
VLAN0001
  Spanning tree enabled protocol ieee
  Root ID     Priority      4097
              Address        00D0.D372.579B
              Cost            19
              Port             23(FastEthernet0/23)
              Hello Time       2 sec   Max Age 20 sec   Forward Delay 15 sec

  Bridge ID  Priority       32769    (priority 32768 sys-id-ext 1)
              Address        0090.2B9C.7CD9
              Hello Time    2 sec   Max Age 20 sec   Forward Delay 15 sec
              Aging Time    20

Interface           Role Sts Cost        Prio.Nbr Type
---------------- ---- --- --------- -------- --------------------------------
Fa0/1               Desg FWD 19          128.1        P2p
Fa0/23              Root FWD 19          128.23       P2p
Fa0/24              Altn BLK 19          128.24       P2p
```

相关知识

1．分析交换网络

在交换网络中，设备之间通过单条链路进行连接。当某一节点或某一链路发生故障时可能导致网络无法访问，解决这种问题的办法是在网络中提供冗余链路，但是交换网络中的冗余链路会产生广播风暴、多帧复制、MAC 地址表不稳定等现象。其中广播风暴导致网络中充斥大量广播包，占用网络带宽；多帧复制导致网络中有大量的重复包；MAC 地址表不稳定导致交换机频繁刷新 MAC 地址表，严重影响网络的正常运行。

1）广播风暴。在交换网络中，如果一台主机向网络中发送一个广播包，交换机会将这个广播包发送给除收到广播包的端口外的所有端口，当网络中存在环路时，交换机从一个端口向外发送的广播包，会在另一个端口收到，此时交换机并不知道此广播包是自己发出的，它仍然会向外发送，这样网络中的广播包越来越多，形成了广播风暴。广播风暴一方面大量占用网络带宽，另一方面，主机对收到的广播包要进行分析处理，大量占用主机资源，甚至导致死机。

2）多帧复制。在存在冗余链路的交换网络中，当交换机刚刚启动后，地址表中没有任何条目时，某主机向同一网络的另一主机发送一个单播帧时，由于交换机还没有学习到任何地址，交换机 A 会将这个帧泛洪到所有端口，而此时冗余交换机 B 收到这个帧后，由于同样没有学习到地址条目，它也会再次泛洪到所有端口。这样，目的主机先后收到多个同样帧，造成了帧的重复接收。

3）MAC 地址表不稳定。交换机维护 MAC 地址表的原理是查看收到数据帧的源 MAC 地址，当交换网络中存在环路时，交换机可能在自己的一个端口收到来自主机的数据帧，于是 MAC 地址表中该端口对应该主机的 MAC 地址；由于存在冗余链路，一段时间后，交换机另一端口也收到了该主机的同一数据帧，于是 MAC 地址表改成了另一端口对应该主机的 MAC 地址，这种过程非常频繁，严重影响了 MAC 地址表的稳定性。

2. 生成树协议概念

如何解决由于冗余链路产生的这种问题，比较容易想到的方法是为网络提供冗余链路。在网络正常时自动将备份链路断开，在网络故障时自动启用备份链路，生成树协议就是为解决这一问题而产生的。

生成树协议（Spanning Tree Protocol，STP）是 DEC 开发的一种网桥到网桥（bridge-to-bridge）协议。后来 IEEE 802 委员会对 DEC 的生成树算法进行了修订，并将修订结果以 IEEE 802.1D 规范的方式予以发布。DEC 算法和 IEEE 802.1D 算法并不相同，也不兼容。多数交换机使用 IEEE 802.1D 生成树协议。

生成树协议使用生成树算法，在一个具有冗余路径的容错网络中计算出一个无环路的路径，使一部分端口处于转发状态，另一部分端口处于阻塞状态（备用状态），从而生成一个稳定的、无环路的生成树网络拓扑。

若发现当前路径故障，生成树协议能立即激活相应的端口，打开备用链路，重新生成生成树的网络拓扑，以保持网络的正常工作。生成树端口状态有 4 种。

1）阻塞（Blocking）。不转发帧，监听 BPDU（Bridge Protocol Data Units，桥协议数据单元）。当交换机启动后，所有端口在默认状态下处于阻塞状态。

2）侦听（Listening）。查看、发送和接收 BPDU，以确定最佳网络连接，确保在传送数据帧之前网络上没有回路。

3）学习（Learning）。学习 MAC 地址，建立过滤表，但不转发数据帧。这种状态表明端口正为传输做准备，它获悉网段上的地址，以防止形成不必要的广播。

4）转发（Forwarding）。能在端口上发送和接收数据。

正常情况下，端口处于转发状态或阻塞状态。处于转发状态的端口到根网桥的路径成本最低。网络连接发生变化导致转发状态的端口不可用时，处于阻塞状态的端口将依次进入侦听和学习状态，最后进入转发状态。

3. 生成树协议工作原理

生成树协议通过 SPA（生成树算法）生成一个没有环路的网络。当网络正常时，备份链路断开；当网络有故障时自动切换到备份链路，保证网络的正常通信。为了实现这一功能，运行 STP 的交换机之间通过 BPDU 进行信息交流，具体如下。

1）具有最高优先级的交换机选为根交换机。如果两个交换机有相同优先级，那么拥有较小 MAC 地址的交换机称为根交换机。首先所有交换机都认为自己是根交换机，向外广播 BPDU 报文。BPDU 报文中包含 Bridge ID，由交换机的 MAC 地址和优先级组成。Bridge

ID 值小的交换机就作为根交换机。默认情况下，交换机的优先级都为 32768，因此，MAC 地址较小的交换机就是根交换机。

2）选出根交换机后，所有的非根交换机选择到达根交换机的最短路径。在选择最短路径时，通过路径开销、发送 BPDU 交换机的 Bridge ID、Port ID、接收 BPDU 交换机的 Port ID 等信息来确定最短路径。一台交换机中每个端口都有一个根路径花费，其中根路径花费最低的端口为根端口。如果多个端口根路径花费相同，则最高优先级的端口为根端口。

3）选出根交换机和根端口后，每一个 VLAN 都利用指定交换机通过最短路径连接到根交换机的指定端口上。在每个网段中都有一个交换机被称为指定交换机，它属于该网段中路径花费最少的交换机，把网段和指定交换机连接起来的端口就是网段的指定端口。如果交换机有两个以上端口在这一网段，则具有最高优先级的端口为指定端口，其他端口被阻塞。

4）当网络拓扑发生变化时，交换机自动启用备份链路，阻塞端口进入转发状态，但是为了避免存在临时环路，端口先经历侦听状态和学习状态。

知识拓展

1．BPDU

要生成一个稳定的树形拓扑网络需要依靠以下几个元素。

1）每个网桥唯一的桥 ID（Bridge ID），由桥优先级和 MAC 地址组成。

2）网桥到根桥的路径花费（Root Path Cost），以下简称根路径花费。

3）每个端口 ID（Port ID），由端口优先级和端口号组成。

网桥之间通过交换 BPDU 来获得建立最佳树形拓扑结构所需要的信息，每个 BPDU 由以下要素组成。

1）Root Bridge ID（本网桥认为的根桥 ID）。

2）Root Path Cost（本网桥的根路径花费）。

3）Bridge ID（本网桥的桥 ID）。

4）Message Age（报文已存活时间）。

5）Port ID（发送该报文的端口 ID）。

6）Forward-Delay Time、Hello Time、Max-Agc Time3 个协议规定的时间参数。

7）其他一些诸如表示发现网络拓扑变化、端口变化的标志位。

当网桥的一个端口收到高优先级的 BPDU 后，就在该端口保存这些信息，同时向所有端口更新并传播信息。如果收到比自己优先级低的 BPDU，网桥就丢掉该信息。这样的机制就使高优先级的信息在整个网络中传播开，BPDU 的交流就有了下面的结果。

1）网络中选择了一个网桥为根桥（Root Bridge）。

2）除根桥外的每一个网桥都有一个根口（Root Port），即提供最短路径到根桥的端口。

3）每个网桥都计算出了到根桥的最短路径。

4）每个 LAN 都有了指派网桥，位于该 LAN 与根桥之间的最短路径。

5）指派网桥和 LAN 相连的端口称为指派端口（Designated Port）。

6）根口和指派端口进入转发状态。

7）不在生成树中的端口进入阻塞状态。

2. 桥 ID 号（Bridge ID）

按 IEEE 802.1W 标准规定，每个网桥都要有单一的网桥标志（Bridge ID），生成树算法中就以它为标准选出根桥。Bridge ID 由 8 个字节组成，后 6 个字节为该网桥的 MAC 地址，前两个字节的前 4 位表示优先级，后 12 位表示系统 ID。

任务 2　调整根交换机

任务情境

公司组建一个局域网，为使局域网稳定运行，搭建了一个如图 3-2 所示的环形结构网络。现在请你分析该网络运行状态，确保三层交换机 3560 工作在核心地位，以发挥其核心交换机功能。

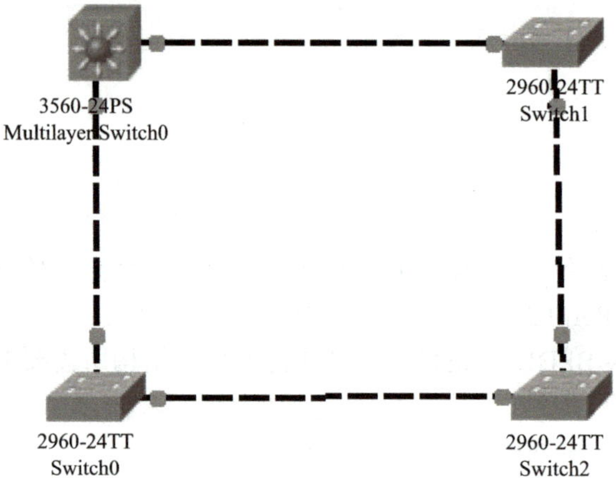

图 3-2　环形结构网络图

任务分析

由于思科交换机默认打开了生成树协议，因此可以借助查看 STP 运行状态信息，分析图 4-2 所示的网络结构，用图形来显示该网络的运行架构，如果发现交换机 3560 不是根桥，那么它就没有处于核心地位，我们就要对它进行 STP 参数调整，使其处于核心地位。

任务实施

1. 查看 STP 信息

（1）3560 交换机

```
Switch3560#show spanning-tree
VLAN0001
  Spanning tree enabled protocol ieee
```

```
  Root ID    Priority    32769
              Address     0001.9646.99C1
              Cost        19
              Port        2(FastEthernet0/2)
              Hello Time   2 sec   Max Age 20 sec   Forward Delay 15 sec

  Bridge ID  Priority    32769   (priority 32768 sys-id-ext 1)
              Address     0002.178B.4040
              Hello Time  2 sec   Max Age 20 sec   Forward Delay 15 sec
              Aging Time  20

Interface        Role Sts Cost       Prio.Nbr Type
---------------- ---- --- --------- -------- --------------------------------
Fa0/1            Altn BLK 19        128.1    P2p
Fa0/2            Root FWD 19        128.2    P2p
```

从显示的信息中可以看出，该交换机不是根交换机，根交换机的 MAC 地址值是 0001.9646.99C1，而本交换机的 MAC 地址是 0002.178B.4040。

（2）Switch1（2960）交换机

```
Switch1#show spanning-tree
VLAN0001
  Spanning tree enabled protocol ieee
  Root ID    Priority    32769
              Address     0001.9646.99C1
              Cost        19
              Port        3(FastEthernet0/3)
              Hello Time  2 sec   Max Age 20 sec   Forward Delay 15 sec

  Bridge ID  Priority    32769   (priority 32768 sys-id-ext 1)
              Address     0090.2115.D874
              Hello Time  2 sec   Max Age 20 sec   Forward Delay 15 sec
              Aging Time  20

Interface        Role Sts Cost       Prio.Nbr Type
---------------- ---- --- --------- -------- --------------------------------
Fa0/3            Root FWD 19        128.3    P2p
Fa0/2            Desg FWD 19        128.2    P2p
```

显然，该交换机也不是根交换机。

（3）Switch2（2960）交换机

```
Switch2#show spanning-tree
VLAN0001
  Spanning tree enabled protocol ieee
  Root ID    Priority    32769
              Address     0001.9646.99C1
```

```
            This bridge is the root
            Hello Time   2 sec   Max Age 20 sec   Forward Delay 15 sec

  Bridge ID  Priority    32769  (priority 32768 sys-id-ext 1)
             Address     0001.9646.99C1
             Hello Time   2 sec   Max Age 20 sec   Forward Delay 15 sec
             Aging Time   20

Interface        Role Sts Cost      Prio.Nbr Type
---------------- ---- --- --------- -------- --------------------------------
Fa0/2            Desg FWD 19        128.2    P2p
Fa0/3            Desg FWD 19        128.3    P2p
```

显然，该交换机为根交换机。交换机 3560 的 fa0/1 口处于阻塞状态，从而破坏了图 3-2 所示的环路结构，根据 STP 形成根桥的原理，可以得到如图 3-3 所示的当前运行的网络拓扑图。从图中可以看出，三层交换机 3560 并没有处于核心位置，没有发挥其核心交换机功能，因此需要调整参数，使它成为网络的核心交换机。

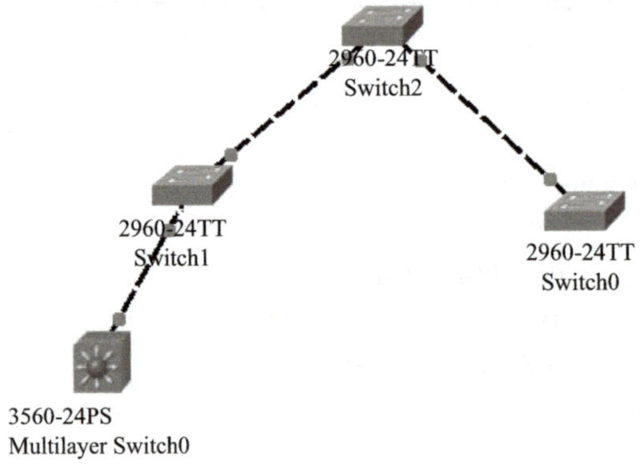

图 3-3　树形网络拓扑结构

2. 调整三层交换机优先级

```
Switch3560#configure terminal
Enter configuration commands, one per line.  End with CNTL/Z.
Switch3560(config)#spanning-tree vlan 1 priority 4096
Switch3560(config)#exit
Switch3560#show spanning-tree
VLAN0001
  Spanning tree enabled protocol ieee
  Root ID    Priority    4097
             Address     0002.178B.4040
             This bridge is the root
             Hello Time   2 sec   Max Age 20 sec   Forward Delay 15 sec
  Bridge ID  Priority    4097   (priority 4096 sys-id-ext 1)
             Address     0002.178B.4040
```

```
          Hello Time    2 sec   Max Age 20 sec   Forward Delay 15 sec
          Aging Time    20
Interface          Role Sts Cost       Prio.Nbr Type
---------------- ---- --- --------- -------- --------------------------------
Fa0/3              Desg FWD 19         128.3      P2p
Fa0/2              Desg FWD 19         128.2      P2p
Switch2#show spanning-tree
VLAN0001
  Spanning tree enabled protocol ieee
  Root ID       Priority      4097
                Address       0002.178B.4040
                Cost          19
                Port          3(FastEthernet0/3)
                Hello Time    2 sec   Max Age 20 sec   Forward Delay 15 sec
  Bridge ID     Priority      32769   (priority 32768 sys-id-ext 1)
                Address       0001.9646.99C1
                Hello Time    2 sec   Max Age 20 sec   Forward Delay 15 sec
                Aging Time    20
Interface          Role Sts Cost       Prio.Nbr Type
---------------- ---- --- --------- -------- --------------------------------
Fa0/2              Altn BLK 19         128.2      P2p
Fa0/3              Root FWD 19         128.3      P2p
```

这时，3560 三层交换机就成为了根交换机，Switch2 交换机的 fa0/2 口处于阻塞状态，得到如图 3-4 所示的新树形拓扑结构，此时 3560 三层交换机处于核心地位，是核心交换机，能够发挥其核心作用。

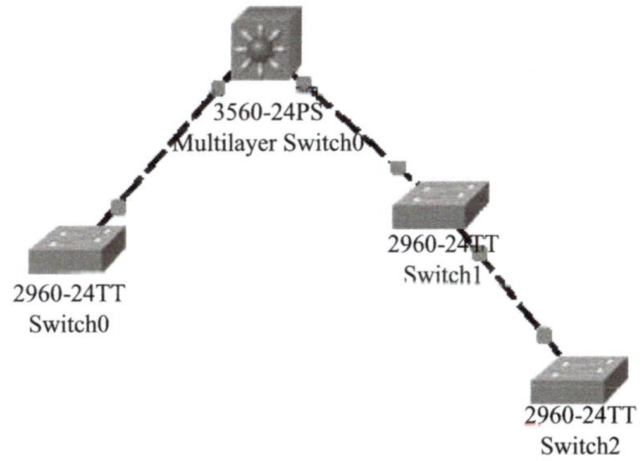

图 3-4　新树形网络拓扑结构

任务 3　聚合交换机端口

任务情境

某企业采用两台交换机组成一个局域网，由于很多数据流量是跨过交换机进行转发的，因此需要提高交换机之间的传输带宽，并实现链路冗余备份。为此网络管理员在两台交换机之间采用两根网线互连，并将相应的两个端口聚合为一个逻辑端口，现要在交换机上做适当配置来实现这一目标，网络拓扑如图 3-5 所示。

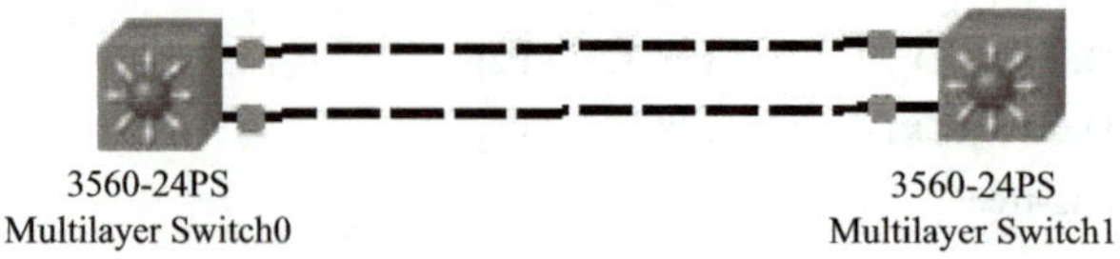

图 3-5　端口聚合拓扑图

任务分析

图 3-5 中的 3560 交换机有 24 个快速以太网端口和 2 个千兆以太网端口，为了尽可能提高带宽，尽量少占用交换机端口，我们用交换机的千兆口建立聚合（以太网通道），其中通道号为 40，负载均衡方式采用基于目的的 MAC 地址负载均衡方式。

任务实施

1. 查看交换机的 STP 信息

```
Switch0#show spanning-tree
VLAN0001
  Spanning tree enabled protocol ieee
  Root ID      Priority      32769
               Address        000B.BE1B.424E
               This bridge is the root
               Hello Time   2 sec   Max Age 20 sec   Forward Delay 15 sec

  Bridge ID   Priority       32769    (priority 32768 sys-id-ext 1)
               Address        000B.BE1B.424E
               Hello Time   2 sec   Max Age 20 sec   Forward Delay 15 sec
               Aging Time    20

Interface            Role Sts Cost          Prio.Nbr Type
---------------- ---- --- --------- -------- --------------------------------
Gi0/1                 Desg FWD 4              128.25      P2p
Gi0/2                 Desg FWD 4              128.26      P2p
```

Switch0 的 STP 信息表明，它为根交换机，两个千兆口都处于转发状态。

```
Switch1#show spanning-tree
VLAN0001
  Spanning tree enabled protocol ieee
  Root ID      Priority      32769
               Address        000B.BE1B.424E
```

```
            Cost        4
            Port        25(GigabitEthernet0/1)
            Hello Time  2 sec  Max Age 20 sec  Forward Delay 15 sec

  Bridge ID  Priority    32769  (priority 32768 sys-id-ext 1)
             Address     00E0.F7D4.8E16
             Hello Time  2 sec  Max Age 20 sec  Forward Delay 15 sec
             Aging Time  20

Interface        Role Sts Cost      Prio.Nbr Type
---------------- ---- --- --------- -------- --------------------------------
Gi0/1            Root FWD 4         128.25   P2p
Gi0/2            Altn BLK 4         128.26   P2p
```

Switch1 的生成树信息表明，它不是根桥，Gi0/1 是根端口，而 Gi0/2 处于阻塞状态。正因为如此，虽然有两条物理链路，但实际通信时，却只有一条千兆链路起作用，下面通过端口聚合使两条链路都起作用。

2. 创建聚合端口（以太网通道）

在交换机 Switch0 上建立端口聚合。

```
Switch0#configure terminal
Configuring from terminal, memory, or network [terminal]?
Enter configuration commands, one per line.  End with CNTL/Z.
Switch0(config)#interface port-channel 40
Switch0(config-if)#
```

在交换机 Switch1 上建立端口聚合。

```
Switch1#config terminal
Configuring from terminal, memory, or network [terminal]?
Enter configuration commands, one per line.  End with CNTL/Z.
Switch1(config)#interface port-channel 40
Switch1(config-if)#
```

3. 配置端口

创建好聚合（以太网通道）后，需要把要聚合的端口加入到通道中。

加入 Switch0 的千兆端口。

```
Switch0(config-if)#int gi0/1
Switch0(config-if)#channel-group 40 mode on
%LINK-5-CHANGED: Interface Port-channel 40, changed state to up
%LINEPROTO-5-UPDOWN: Line protocol on Interface Port-channel 40, changed state to up
%LINEPROTO-5-UPDOWN: Line protocol on Interface GigabitEthernet0/1, changed state to down
%LINEPROTO-5-UPDOWN: Line protocol on Interface GigabitEthernet0/1, changed state to up
Switch0(config-if)#int gi0/2
Switch0(config-if)#channel-group 40 mode on
%LINEPROTO-5-UPDOWN: Line protocol on Interface GigabitEthernet0/2, changed state to down
```

```
%LINEPROTO-5-UPDOWN: Line protocol on Interface GigabitEthernet0/2, changed state to up
Switch0(config-if)#
```

加入 Switch1 的千兆端口。

```
Switch1(config-if)#int gi0/1
Switch1(config-if)#channel-group 40 mode on
%LINK-5-CHANGED: Interface Port-channel 40, changed state to up
%LINEPROTO-5-UPDOWN: Line protocol on Interface Port-channel 40, changed state to up
%LINEPROTO-5-UPDOWN: Line protocol on Interface GigabitEthernet0/1, changed state to down
%LINEPROTO-5-UPDOWN: Line protocol on Interface GigabitEthernet0/1, changed state to up
Switch1(config-if)#int gi0/2
Switch1(config-if)#channel-group 40 mode on
%LINEPROTO-5-UPDOWN: Line protocol on Interface GigabitEthernet0/2, changed state to down
%LINEPROTO-5-UPDOWN: Line protocol on Interface GigabitEthernet0/2, changed state to up
Switch1(config-if)#
```

4. 配置负载均衡方式

配置 Switch0 的负载均衡方式。

```
Switch0(config)#
Switch0(config)#port-channel load-balance dst-mac
Switch0(config)#
```

配置 Switch1 的负载均衡方式。

```
Switch1(config)#
Switch1(config)#port-channel load-balance dst-mac
Switch1(config)#
```

5. 查看结果

显示 Switch1 的 STP 信息。

```
Switch1#sh sp
VLAN0001
  Spanning tree enabled protocol ieee
  Root ID     Priority     32769
              Address      000B.BE1B.424E
              Cost         4
              Port         25(GigabitEthernet0/1)
              Hello Time   2 sec   Max Age 20 sec   Forward Delay 15 sec

  Bridge ID   Priority     32769   (priority 32768 sys-id-ext 1)
              Address      00E0.F7D4.8E16
              Hello Time   2 sec   Max Age 20 sec   Forward Delay 15 sec
              Aging Time   20

Interface        Role Sts Cost      Prio.Nbr Type
---------------- ---- --- --------- -------- --------------------------------
Gi0/1            Root FWD 4         128.25   P2p
```

```
Gi0/2              Desg FWD 4          128.26        P2p
Switch1#
```

显然，原来处于阻塞状态的 Gi0/2 端口，变成了转发状态，端口聚合成功。

相关知识

1．以太网通道

在实际的计算机网络应用中，为了提高网络的性能，常常用两台核心交换机实现负载均衡。那么，在两台核心交换机之间的链路带宽就成了实现网络负载均衡的瓶颈。为了解决这一问题，经常在两台交换机之间使用多条链路将它们相连。但在生成树协议作用下，只有一条链路处于通信状态，其他链路都处于阻塞状态，这一方法只能提供链路的容错，而不能提高两台交换机之间通信的带宽。

EtherChannel（以太网通道）是思科公司开发的，应用于交换机之间的多链路捆绑技术。它的技术原理是：将两个设备间多条快速以太或千兆以太物理链路捆绑成一条逻辑链路，从而达到带宽倍增的目的。当一条或多条链路出现故障时，只要还有链路正常，流量将转移到其他的链路上，从而起到冗余作用。各条链路可以根据源 IP 地址、目的 IP 地址、源 MAC 地址、目的 MAC 地址等多种方式进行负载均衡。

构成以太网通道（端口聚合）的交换机端口要求必须具有相同的特性，如双工模式、交换速率、TRUNK 模式等，最多支持 8 个物理端口聚合成一个逻辑端口。

2．配置命令

（1）在全局模式下，创建以太网通道号

命令：Interface Port-channel 通道组号。

指定一个唯一的通道组号，二层交换机的组号在 1 ～ 6 之间，三层交换机组号在 1 ～ 48 之间。

（2）在端口模式下，设置以太网通道

命令：Channel-group 通道组号 mode {auto|desirable|on}。

On 表示使用以太网通道，但不发送 PagP。Auto 为默认值，表示交换机被动形成以太网通道，不发送 PagP。Desirable 表示交换机主动形成以太网通道，并发送 PagP。

（3）在特权模式下，查看以太网通道

命令：Show Interface Ethernetchannel。

（4）在全局模式下，配置负载均衡

命令：Port-channel Load-balance {dst-ip|dst-mac|src-dst-ip|src-dst-mac}。

小结

本章主要介绍了交换机建立冗余链路的作用和方法，以及生成树协议的工作原理和应用。环路问题是备份连接所面临的所有负面影响中最为严重的问题，STP 就是为了解决环路问题而设置的，它只允许主链路激活，故意阻塞可能导致环路的冗余路径，如果主链路因故障被断开后，备用链路才会被打开。

实战强化

实战 1：画出如图 3-6 所示的网络运行 STP 后的树形结构图，并使三层交换机处于核心地位。

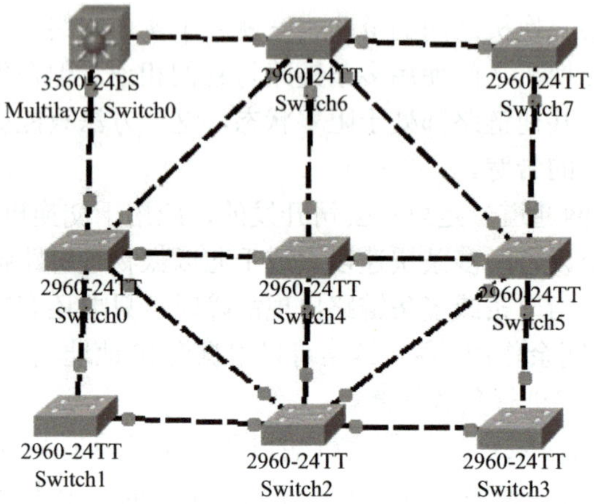

图 3-6　网络运行 STP 后的树形结构图

实战 2：你是某企业的网络管理员，该企业网络拓扑图如图 3-7 所示，采用两台交换机组成一个局域网，为了提高交换机之间的传输带宽，并实现链路冗余备份，两台交换机之间采用两根网线互连，并将相应的两个端口聚合为一个逻辑端口，现要求你在交换机上做适当配置来实现这一目标。

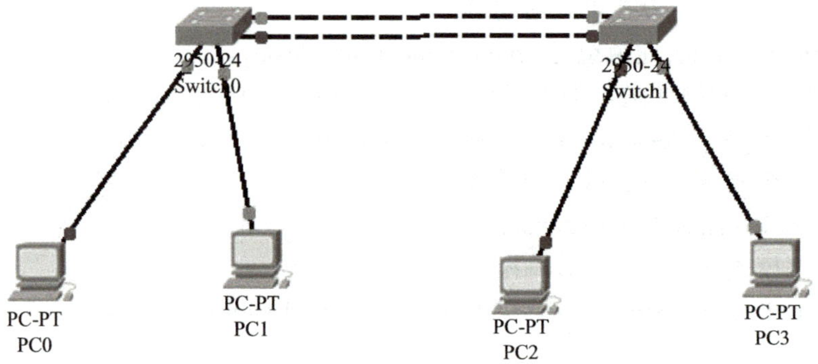

图 3-7　某企业网络拓扑图

项目 4　初始配置路由器

职业能力目标

1）根据实际需要，能够用各种方法登录路由器。
2）根据实际需要，能够对路由器的相关参数进行合理配置及文件管理。
3）能够对路由器系统文件进行备份和恢复。

任务 1　选择路由器管理方式及参数

任务情境

你受聘于一家公司，准备做公司的网络管理员，首先需要了解网络设备（路由器）的基本登录方式、基本管理方法和简单操作命令。

任务分析

路由器的登录方式有多种，如通过反转线连接的登录方式、利用 Telnet 的远程登录方式、利用 Web 或网管软件的登录方式等，不同的登录方式各有其优缺点，其中利用反转线的带外登录方式最方便快捷，但要亲临路由器现场；而另两种方式（带内登录）不用亲临现场，但是需要占用网络带宽。下面就分别用带内、带外这两种登录方式来完成本任务。

任务实施

1. 带外登录方式

第 1 步：通过一条反转线将 PC1 的 RS232 串口 COM1 与路由器的 Console 端口相连，如图 4-1 所示。

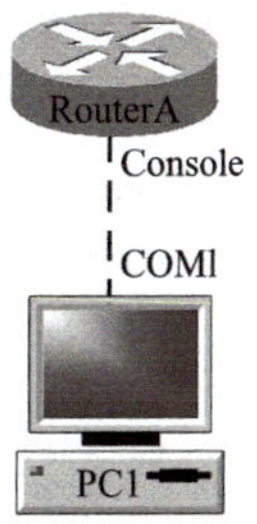

图 4-1　带外登录方式路由器

第 2 步：在 PC 上，通过单击“开始”→“程序”→“附件”→“通信”→“超级终端”，执行超级终端程序。

第 3 步：启动超级终端后，新建一个连接，正确配置其相应参数，如图 4-2 ～图 4-5 所示。

第 4 步：开启路由器电源，这时在超级终端窗口可以看到路由器的启动过程，按回车键就可以看到路由器提示符，表示已登录到路由器上了。

图 4-2　定义超级终端名称 aaa

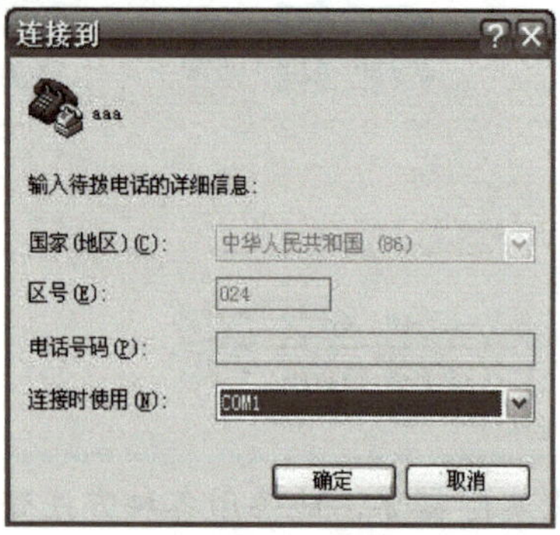

图 4-3　定义超级终端连接端口 COM1

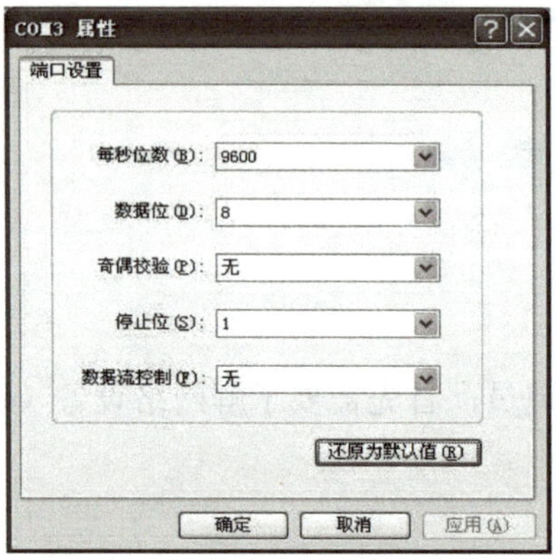

图 4-4　定义超级终端端口参数

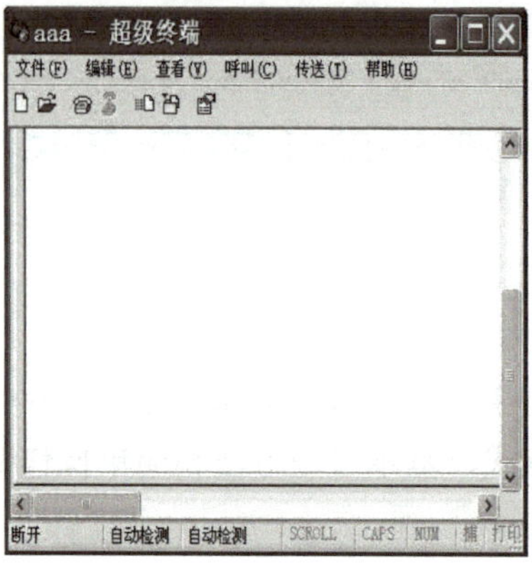

图 4-5　定义超级终端窗口

2. 带内登录方式

通过超级终端登录路由器后，设置路由器端口 IP 地址、登录密码和特权密码，即可采用 Telnet 方式（带内）登录路由器了。

具体操作步骤如下。

第 1 步：配置路由器主机名。

从用户模式进入特权模式。

```
Router>enable
Router #
```

从特权模式进入全局配置模式。

```
Router #configure terminal
Router (config)#
```

配置主机名为“cisco”。

```
Router (config)#hostname cisco
Cisco (config)#
```

第 2 步：配置路由器 fa 0/0 口 IP 地址，要求与 PC 在一个网段内。

```
Cisco (config)#interface fasterethernet 0/0
Cisco (config-if)#ip address 192.168.0.1 255.255.255.0
Cisco (config-if)#no shutdown
```

上述命令为路由器端口 fa0/0 分配 IP 地址为 192.168.0.1，对应子网掩码为 255.255.255.0，同时用 No Shutdown 命令打开这个端口。

第 3 步：通过交叉线连接 PC 机与路由器的 fa 0/0 口。

第 4 步：设定 Telnet 下的密码为 456。

```
Cisco (config-if)#line vty 0 4
Cisco (config-if)# password 456
```

第 5 步：配置路由器远程登录密码。

```
Cisco (config-if)#login
Cisco (config-if)# enable password 789
```

第 6 步：在 PC 的命令窗口中输入 C:\Telnet 192.168.0.1，根据提示回答正确的密码，就可以登录路由器了。

3．路由器基本配置

（1）显示路由器的系统版本信息

```
Cisco#show version
Cisco IOS Software, 2800 Software (C2800NM-ADVIPSERVICESK9-M), Version 12.4(15)T1, RELEASE SOFTWARE (fc2)
Technical Support: http://www.cisco.com/techsupport
Copyright (c) 1986-2007 by Cisco Systems, Inc.
Compiled Wed 18-Jul-07 06:21 by pt_rel_team
ROM: System Bootstrap, Version 12.1(3r)T2, RELEASE SOFTWARE (fc1)
Copyright (c) 2000 by cisco Systems, Inc.
System returned to ROM by power-on
System image file is “c2800nm-advipservicesk9-mz.124-15.T1.bin”
This product contains cryptographic features and is subject to United
States and local country laws governing import, export, transfer and
use. Delivery of Cisco cryptographic products does not imply
third-party authority to import, export, distribute or use encryption.
Importers, exporters, distributors and users are responsible for
compliance with U.S. and local country laws. By using this product you
agree to comply with applicable laws and regulations. If you are unable
to comply with U.S. and local laws, return this product immediately.
cisco 2811 (MPC860) processor (revision 0x200) with 60416K/5120K bytes of memory
Processor board ID JAD05190MTZ (4292891495)
M860 processor: part number 0, mask 49
2 FastEthernet/IEEE 802.3 interface(s)
239K bytes of NVRAM.
62720K bytes of processor board System flash (Read/Write)
```

（2）显示路由器当前配置文件内容

```
Cisco（config）#show running-config
Building configuration...
```

```
Current configuration : 527 bytes
!
version 12.4
no service timestamps log datetime msec
no service timestamps debug datetime msec
no service password-encryption
!
hostname R1
!
!
!
enable password 789
!
username CISCO password 0 123
!
interface FastEthernet0/0
 ip address 192.168.0.1 255.255.255.0
 duplex auto
 speed auto
!
interface FastEthernet0/1
 no ip address
 duplex auto
 speed auto
 shutdown
!
interface Vlan1
 no ip address
 shutdown
!
ip classless
!
line con 0
line vty 0 4
 password 456
 login
!
End
```

相关知识

1．路由器概述

路由器作为不同网络之间的互相连接的设备，通常用来连接局域网与广域网。路由器的 Ethernet 接口与以太网交换机的 Ethernet 接口通过直通网线连接，广域网接口则通常通过 CSU/DSU 设备与广域网用户线相连。如图 4-6 所示。

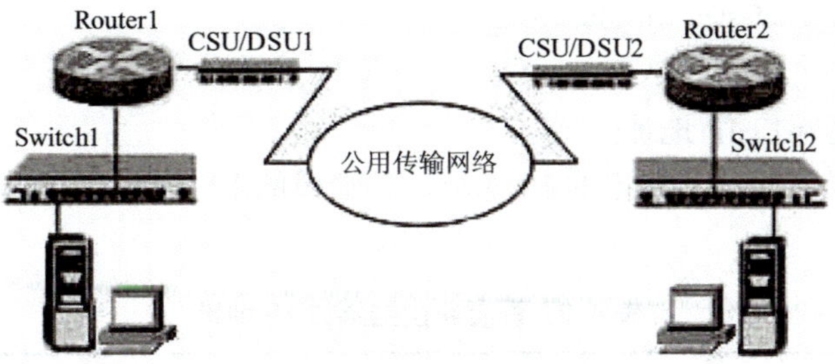

图 4-6　路由器连接局域网、广域网

2. 路由器组成

路由器内部由以下组件组成。

CPU：路由器的中央处理器。

RAM：路由器的主存储器，存储当前配置文件（Running Config）、路由表、ARP 缓存、数据报等。

NVRAM（非易失性 RAM）：存储启动配置文件（Startup-Config）等。

Flash ROM（快闪存储器）：存储系统软件映像（路由器的操作系统），启动配置文件等，是可擦可编程的存储器。

ROM：存储开机诊断程序、引导程序和操作系统软件的备份。

3. 路由器基本功能

路由器的基本功能是把数据包（Packets，IP 报文）正确、高效地传送到目标网络，包括：

1）IP 数据包的转发，包括数据包传送的路径选择和传送数据包。

2）与其他路由器交换路由信息，维护路由表。

3）子网隔离，抑制广播风暴。

4）IP 数据包的差错处理及简单的拥塞控制。

5）实现对 IP 数据包的过滤

6）安全验证、授权和记账等。

4. 路由器基本配置

路由器的基本配置与交换机相似，不同的是交换机的管理 IP 只能配给 VLAN，而路由器的管理 IP 是给端口。

（1）进入接口配置模式

配置接口必须进入接口配置模式，首先进入全局配置模式，然后再进入指定的接口配置模式，命令格式见表 4-1。

表 4-1　进入路由器接口配置模式

命　令	含　义
Router#config terminal	进入全局配置模式
Router(config)#interface interface-type interface-number	创建一个接口，并进入指定接口配置模式
Router(config-if)#no interface interface-type interface-number	删除指定接口

例：快速进入以太网口的第 0 个端口。

```
Router>enable
Router#configure terminal
```

```
Router(config)#interface fastethernet fa 0/0
Router(config-if)#
```

（2）配置路由器端口 IP 地址

路由器的每个端口都有其特定的 IP 地址，各端口的 IP 地址必须为不同网段的地址，命令格式见表 4-2。

表 4-2 配置路由器端口 IP 地址

命　令	含　义
Router#configure terminal	进入全局配置模式
Router(config)#interface interface-type interface-number	创建一个接口，并进入指定接口配置模式
Router(config-if)#ip address ip-address ip-mask	配置接口 IP 地址
Router(config-if)#no ip address ip-address	删除接口 IP 地址

例：配置路由器接口 fa0/0 的 IP 地址为 192.168.0.1/24，接口 fa0/1 的 IP 地址为 192. 168. 1.1/24。

```
Router>enable
Router#configure terminal
Router(config)#interface fastethernet fa 0/0
Router(config-if)#ip address 192.168.0.1 255.255.255.0
Router(config-if)#no shutdown
Router(config-if)#exit
Router(config)#
Router(config)#interface fastethernet fa 0/1
Router(config-if)#ip address 192.168.1.1 255.255.255.0
Router(config-if)#no shutdown
Router(config-if)#exit
Router(config)#
```

任务 2 备份路由器的配置文件

任务情境

你受聘于一家公司，从事网络管理员工作，现在某客户的路由器配置文件由于误操作或其他原因导致破坏而无法正常工作，请你给予技术支持，帮助恢复原来配置文件。

任务分析

路由器的系统文件存储在 Flash 中，如果 Flash 中的配置文件遭到破坏，路由器将无法正常工作。因此如何管理好路由器的 Flash 文件，是网络管理员一个重要的工作之一。如果路由器的 Flash 文件损坏，可以通过 TFTP 软件进行恢复，即从备份的路由器 Flash 文件写回到路由器中。TFTP（Trivial File Transfer Protocol）/ FTP（File Transfer Protocol）都是文件传输协议，在 TCP/IP 族中处于第四层，即属于应用层协议，主要用于主机之间、主机与路由器之间传输文件。它们都采用客户机 - 服务器模式进行文件传输。TFTP 承载在 UDP 之上，提供不可靠的数据流传输服务，提供用户认证机制以及根据用户权限提供对文件操作授权；它是通过发送包文，应答方式，加上超时重传方式来保证数据的正确传输。TFTP 相对于 FTP

的优点是提供简单的、开销不大的文件传输服务。FTP 承载于 TCP 之上，提供可靠的面向连接数据流的传输服务，但它不提供文件存取授权，以及简单的认证机制（通过明文传输用户名和密码来实现认证）。FTP 在进行文件传输时，客户机和服务器之间要建立两个连接，即控制连接和数据连接。首先由 FTP 客户机发出传送请求，与服务器的 21 号端口建立控制连接，通过控制连接来协商数据连接。由此可见，两种方式不同的特点有其不同的应用环境，局域网内备份和升级可以采用 TFTP 方式，广域网中备份和升级则最好使用 FTP 方式。

任务实施

通过以上对任务的分析，需要拿到客户保存或公司备份的路由器配置文件，通过反转线将 PC 的 COM1 口与路由器 CONSOLE 控制口连接，通过交叉线或直连线将 PC 的网卡（NIC）连接到路由器的 fastethernet 0/1 口，并将 PC 与路由器 IP 地址合理设置，启动 TPTP Server 程序，通过超级终端登录路由器进行恢复操作，连接图如图 4-7 所示。

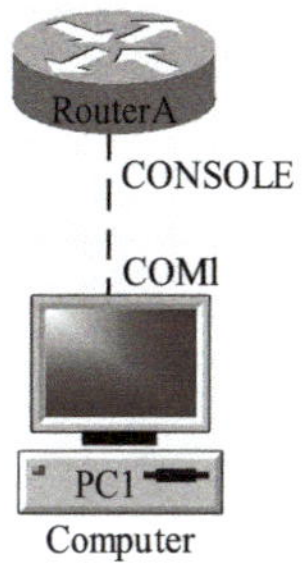

图 4-7　TFTP 备份配置文件

具体操作步骤如下。

第 1 步：进入路由器配置管理接口模式。

```
Router>enable
Router #configure terminal
Router (config)#interface fastethernet fa 0/1
Router (config-if)#
```

第 2 步：配置 fa0/0 接口 IP 地址。

```
Router (config-if)#ip address 192.168.0.1 255.255.255.0
Router (config-if)#no shutdown
```

与路由器 Fa0/1 口相连的 PC 的网卡 IP 地址要与路由器管理 IP（192.168.0.1）在一个网段。为了验证 TFTP 服务器与路由器的连通性，在 PC 命令行下 PING 路由器，若不通则查找原因，直到连通为止，如图 4-8 所示。

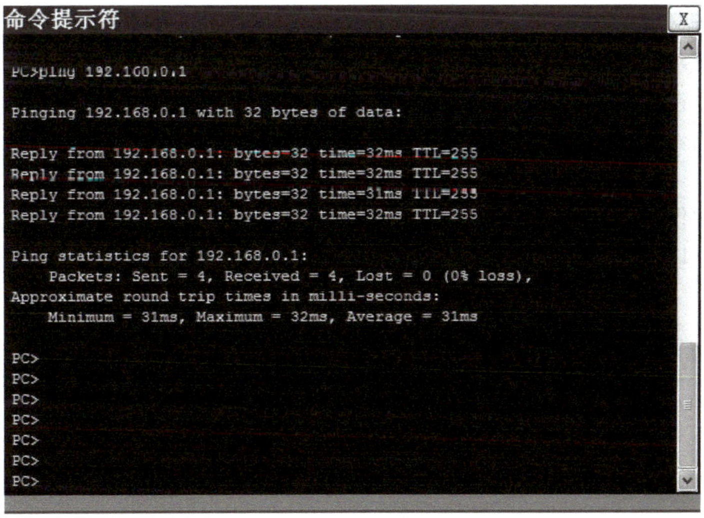

图 4-8　TFTP 服务器与路由器连通性

第 3 步：备份路由器配置文件。

1）在主机上启动 TFTP 服务器软件，通过“查看”→“选项”设置服务器根目录为 D:\tftp，如图 4-9 所示。

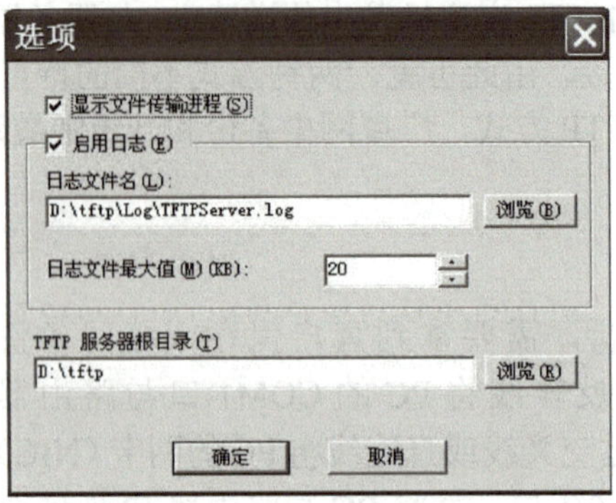

图 4-9　TFTP 根目录设置

2）执行命令 Router#copy startup-config tftp 将当前配置保存到 D 盘 tftp 目录中。

第 4 步：恢复路由器配置文件。

从 TFTP 服务器中恢复配置文件到路由器中，使用命令 Router#copy tftp startup-config，输入“192.168.0.1”，“config.text”，然后执行 Router#copy startup-config running-config 命令，把配置文件恢复到 RAM 中，使新的配置文件生效。

相关知识

1. 存储介质及文件类型

1）DRAM：NOS 主体软件在 DRAM 中运行。

2）FLASH：用于保存主体软件。

3）NYRAM：用于保存配置文件。

2. 路由器配置文件

配置文件是包含了一组 NOS 的集合体，不同的用户通过各自的配置文件来制定自己的路由器，使之满足不同的业务要求。配置文件在文件格式上是一个文本文件，NOS 在启动后，对配置文件的命令解释执行。NOS 的配置文件有以下几个特点。

1）配置文件在格式上是文本文件，包含了一组 NOS 命令。

2）命令的组织以命令模式为基本框架，同一模式的命令放在一起，形成一节，节与节之间用空行隔开。

3）配置文件仅仅保存非默认参数的命令，对于已经是默认值的命令不加以保存。

4）配置文件以 END 为结束符。

任务 3　升级路由器的操作系统

任务情境

你受聘于一家公司，从事网络管理员工作，现在该公司的路由器操作系统软件版本老化，不支持新功能，请你给予解决。

任务分析

为了完成升级任务，你必须先下载该路由器的新的操作系统软件，通过 PC 登录路由器即可采用 TFTP 方式或 FTP 方式升级。

任务实施

通过以上对任务的分析，首先拿到要升级的路由器配置文件，通过反转线将 PC 的 COM1 口与路由器 CONSOLE 控制口连接，通过交叉线或直连线将 PC 的网卡（NIC）连接到路由器的 fastethernet 0/1 口，并将 PC 与路由器 IP 地址合理设置，启动 TPTP Server 程序，通过超级终端登录路由器进行升级操作，连接图如图 4-10 所示。

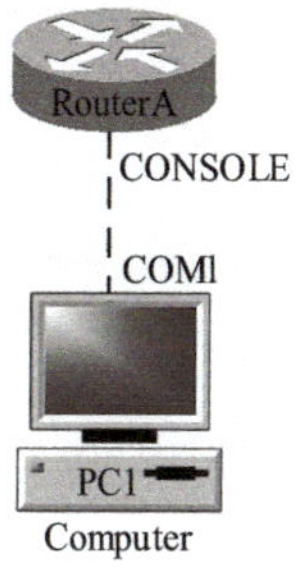

图 4-10　TFTP 备份配置文件

具体操作步骤如下。

第 1 步：登录路由器，建立路由器和 TFTP 的连接。

```
Router>enable
Router #configure terminal
Router (config)#interface fastethernet fa 0/1
Router (config-if)#
Router (config-if)#ip address 192.168.0.1 255.255.255.0
Router (config-if)#no shutdown
```

与路由器 Fa0/1 口相连的 PC 的网卡 IP 地址要与路由器管理 IP（192.168.0.1）在一个网段。为了验证 TFTP 服务器与路由器的连通性，在 PC 的命令行下 PING 路由器，若不通则查找原因，直到连通为止，如图 4-11 所示。

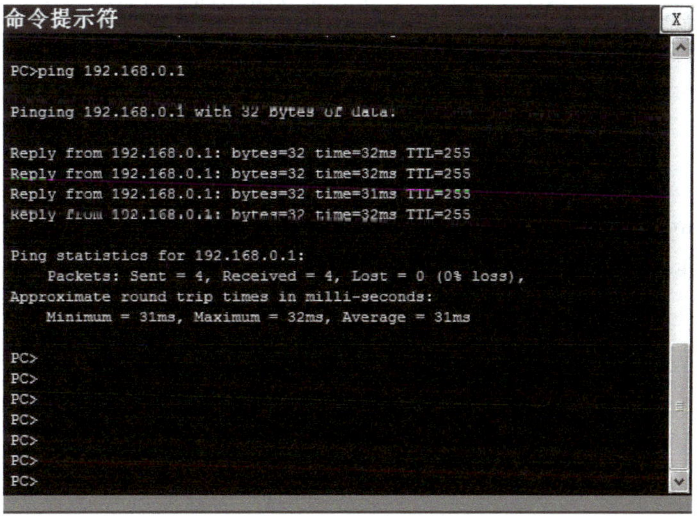

图 4-11　TFTP 服务器与路由器连通性

第 2 步： 备份路由器配置文件。

在主机上启动 TFTP 服务器软件，通过"查看"→"选项"设置服务器根目录为 D:\tftp，如图 4-12 所示。

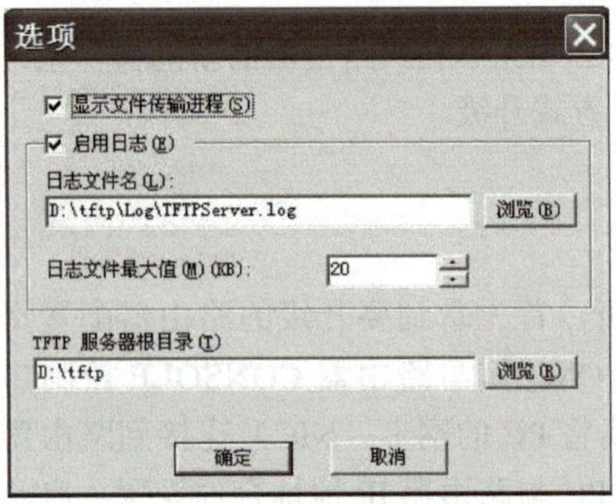

图 4-12　TFTP 根目录设置

第 3 步： 查看路由器配置文件版本。

```
Router#show version
```

第 4 步： 升级操作系统。

```
Router#copy tftp flash
Address or name of remote host[]? 192.168.0.1
Source filename[] router.bin
Accessing tftp://192.168.0.1/router.bin...
```

小结

本章介绍了路由器的基本组成、工作原理和几种管理方式，其中带内管理的方式比较灵活，可以有 Telnet 方式和 Web 方式，还可以通过路由器的 AUX 口连接 MODEM 访问路由器，对路由器进行配置。

实战强化

你是一个单位的网络管理员，单位有一台路由器由于某种原因操作系统软件丢失，路由器不能正常工作，因此需要你重新对路由器写入操作系统软件，使路由器工作正常。

项目 5 配置路由器静态路由

职业能力目标

1）掌握路由器静态路由配置方法。
2）掌握路由器默认路由配置方法。
3）掌握路由的决策原则。

任务 1 配置路由器静态路由

任务情境

某学校为了扩大办学规模，在另一个城市新办了一所分校，要求两个校区的校园网通过路由器相连，实现两个校园网的内部主机相互通信。

任务分析

对于这项任务，通过路由器的广域网端口 S0 连接两个校园网就可以实现。为了简化，我们将两个路由器的 F0 端口相连接，分别对两个路由器的端口分配 IP 地址，并配置静态路由，这样，再对两个校园网内的主机设置 IP 地址和网关即可相互通信了。拓扑图如图 5-1 所示。

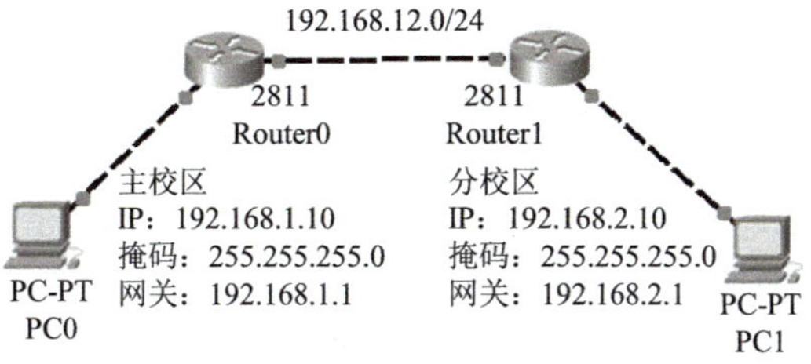

图 5-1 静态路由配置网络拓扑图

任务实施

1. PC 配置

主校区 PC0 的 IP 地址配置为 192.168.1.10，子网掩码为 255.255.255.0，网关为 192.168.1.1。分校区 PC1 的 IP 地址配置为 192.168.2.10，子网掩码为 255.255.255.0，网关为 192.168.2.1。

2. 路由器 Router0 的配置

第 1 步：进入全局配置模式。

```
Router0>enable
Router0#config terminal
Configuring from terminal, memory, or network [terminal]?
Enter configuration commands, one per line.   End with CNTL/Z.
```

第 2 步：为路由器各个端口分配 IP 地址。

```
Router0(config)#interface fastethernet 0/0
Router0(config-if)#ip address 192.168.1.1 255.255.255.0
Router0(config-if)#no shutdown
%LINK-5-CHANGED: Interface FastEthernet0/0, changed state to up
%LINEPROTO-5-UPDOWN: Line protocol on Interface FastEthernet0/0, changed state to up
Router0(config-if)#interface fastethernet 0/1
Router0(config-if)#ip address 192.168.12.1 255.255.255.0
Router0(config-if)#no shutdown
%LINK-5-CHANGED: Interface FastEthernet0/1, changed state to up
```

查看此时路由器的路由表，可以看到表里面只有直连路由。

```
Router0#show ip route
Codes: C - connected, S - static, I - IGRP, R - RIP, M - mobile, B - BGP
       D - EIGRP, EX - EIGRP external, O - OSPF, IA - OSPF inter area
       N1 - OSPF NSSA external type 1, N2 - OSPF NSSA external type 2
       E1 - OSPF external type 1, E2 - OSPF external type 2, E - EGP
       i - IS-IS, L1 - IS-IS level-1, L2 - IS-IS level-2, ia - IS-IS inter area
       * - candidate default, U - per-user static route, o - ODR
       P - periodic downloaded static route

Gateway of last resort is not set

C    192.168.1.0/24 is directly connected, FastEthernet0/0
C    192.168.12.0/24 is directly connected, FastEthernet0/1
Router0#
```

第 3 步：配置静态路由。

```
Router0(config)#ip route 192.168.2.0 255.255.255.0 192.168.12.2
或 Router0(config)#ip route 192.168.2.0 255.255.255.0 fastethernet 1
Router0(config)#end
Router0#
```

配置静态路由时，有两种方法：一是指定去目标网络 192.168.2.0 的下一跳地址 192.168.12.2（下一个路由器的入口地址）；另一个是指定去目标网络 192.168.2.0 的本路由器的出口 fastethernet 1。

第 4 步：检查路由表，此时可以看到路由表里既有直连路由，又有静态路由。

```
Router0#show ip route
Codes: C - connected, S - static, I - IGRP, R - RIP, M - mobile, B - BGP
       D - EIGRP, EX - EIGRP external, O - OSPF, IA - OSPF inter area
       N1 - OSPF NSSA external type 1, N2 - OSPF NSSA external type 2
       E1 - OSPF external type 1, E2 - OSPF external type 2, E - EGP
       i - IS-IS, L1 - IS-IS level-1, L2 - IS-IS level-2, ia - IS-IS inter area
       * - candidate default, U - per-user static route, o - ODR
       P - periodic downloaded static route

Gateway of last resort is not set

C    192.168.1.0/24 is directly connected, FastEthernet0/0
S    192.168.2.0/24 [1/0] via 192.168.12.2
C    192.168.12.0/24 is directly connected, FastEthernet0/1
Router0#
```

3. 路由器 Router1 的配置

第 1 步：进入全局配置模式。

```
Router1>enable
Router1#config terminal
Configuring from terminal, memory, or network [terminal]?
Enter configuration commands, one per line.  End with CNTL/Z.
```

第 2 步：为路由器各个端口分配 IP 地址。

```
Router1(config)#interface fastethernet 0/0
Router1(config-if)#ip address 192.168.2.1 255.255.255.0
Router1(config-if)#no shutdown
%LINK-5-CHANGED: Interface FastEthernet0/0, changed state to up
%LINEPROTO-5-UPDOWN: Line protocol on Interface FastEthernet0/0, changed state to up
Router1(config-if)#interface fastethernet 0/1
Router1(config-if)#ip address 192.168.12.2 255.255.255.0
Router1(config-if)#no shutdown
%LINK-5-CHANGED: Interface FastEthernet0/1, changed state to up
```

查看此时路由器的路由表，可以看到表里面只有直连路由。

```
Router0#show ip route
Codes: C - connected, S - static, I - IGRP, R - RIP, M - mobile, B - BGP
       D - EIGRP, EX - EIGRP external, O - OSPF, IA - OSPF inter area
       N1 - OSPF NSSA external type 1, N2 - OSPF NSSA external type 2
       E1 - OSPF external type 1, E2 - OSPF external type 2, E - EGP
       i - IS-IS, L1 - IS-IS level-1, L2 - IS-IS level-2, ia - IS-IS inter area
       * - candidate default, U - per-user static route, o - ODR
       P - periodic downloaded static route

Gateway of last resort is not set

C      192.168.2.0/24 is directly connected, FastEthernet0/0
C      192.168.12.0/24 is directly connected, FastEthernet0/1
Router1#
```

第 3 步：配置静态路由。

```
Router1(config)#ip route 192.168.1.0 255.255.255.0 192.168.12.1
或 Router1(config)#ip route 192.168.1.0 255.255.255.0 fastethernet 1
Router1(config)#end
Router1#
```

第 4 步：检查路由表，此时可以看到路由表里既有直连路由，又有静态路由。

```
Router1#show ip route
Codes: C - connected, S - static, I - IGRP, R - RIP, M - mobile, B - BGP
       D - EIGRP, EX - EIGRP external, O - OSPF, IA - OSPF inter area
       N1 - OSPF NSSA external type 1, N2 - OSPF NSSA external type 2
       E1 - OSPF external type 1, E2 - OSPF external type 2, E - EGP
       i - IS-IS, L1 - IS-IS level-1, L2 - IS-IS level-2, ia - IS-IS inter area
       * - candidate default, U - per-user static route, o - ODR
       P - periodic downloaded static route

Gateway of last resort is not set

C      192.168.2.0/24 is directly connected, FastEthernet0/0
S      192.168.1.0/24 [1/0] via 192.168.12.1
C      192.168.12.0/24 is directly connected, FastEthernet0/1
Router1#
```

4. 检查 PC0 与 PC1 的连通性

在 PC0 的“Desktop”选项卡中单击“Command Prompt”，输入 PING 192.168.2.1 进行测试，结果如图 5-2 所示，能够 PING 通。

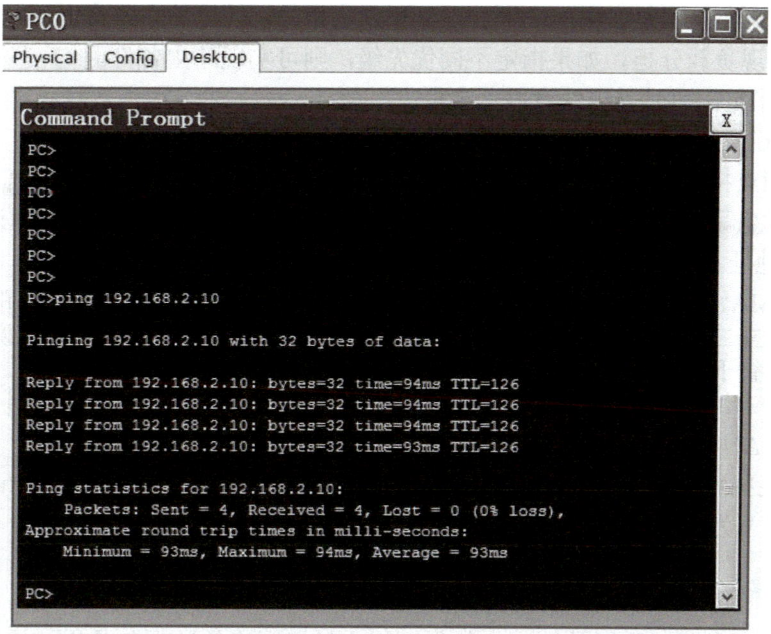

图 5-2　静态路由测试结果

相关知识

1．静态路由概述

静态路由（Static Route）是一种特殊的路由，由管理员手工配置。在组网结构比较简单的网络中，只需配置静态路由就可以实现网络互通，而且路由效率也非常高。合理设置和使用静态路由可以改善网络的性能，并可以为重要的网络应用保证带宽。

但静态路由也有其自身的缺点：不能自动适应网络拓扑结构的变化，当网络拓扑结构发生变化时，可能会出现路由不可达，导致网络中断情况。此时需要网络管理员手工修改静态路由的配置。另外，网络结构比较复杂时，静态路由表可能会非常庞大，这样反而会影响路由效率。所以静态路由一般只适用于只有少数几级路由节点的小型网络中。一般当路由跳数大于 5 就不建议使用静态路由，而是采用后面将要介绍的动态路由。

配置静态路由时，需要了解以下内容。

1）目的地址与掩码。在 ip route-static 命令中，IPv4 地址为点分十进制格式，掩码可以用点分十进制表示，也可以用掩码长度（即掩码中连续“1”的位数）表示。

2）出口和下一跳地址。在配置静态路由时，可通过参数 interface-type interface-number（其实也就是我们习惯使用的 interface-id 参数）指定数据包在路由器上的出口，也可以指定下一跳地址。指定出口还是指定下一跳地址要视具体情况而定，但下一跳地址不能为本地接口 IP 地址，否则路由不会生效。实际上，所有的路由项都必须明确下一跳地址。在发送报文时，首先根据报文的目的地址寻找路由表中与之匹配的路由。只有指定了下一跳地址，链路层才能找到对应的链路层地址，并转发报文。

3）其他属性。对于不同的静态路由，可以为它们配置不同的优先级，从而更灵活地应用路由管理策略，但不是必需的。例如，配置到达相同目的地的多条路由，如果指定相同优先级，则可实现负载分担，如果指定不同优先级，则可实现路由备份。

【注意】指定出口时需要注意以下事项。

对于 NULL0 接口，配置了出口就不再配置下一跳地址。

对于点到点接口，即使不知道对端地址，也可以在路由器配置时指定出口。这样，即使对端地址发生了改变也无需改变该路由器的配置。如封装 PPP 的接口，通过 PPP 协商获取对端的 IP 地址，这时可以不指定下一跳地址，只需指定出接口即可。

对于 NBMA、P2MP 等接口，它们支持点到多点网络，这时除了配置 IP 路由外，还需要在链路层建立二次路由，即 IP 地址到链路层地址的映射。通常情况下，建议在配置出接口时，同时配置下一跳 IP 地址。

在配置静态路由时，建议不要直接指定广播类型接口作出口（如以太网接口、Virtual-Template、VLAN 接口等）。因为广播类型的接口，会导致出现多个下一跳，无法唯一确定下一跳。在某些特殊应用中，如果必须配置广播接口（如以太网接口、Virtual-Template、VLAN 接口等）为出口，则必须同时指定其对应的下一跳地址。

2. 静态路由配置

静态路由就是手工配置的路由，使得到指定目标网络的数据包传送，按照预定的路径进行。当路由器不能学到某些目标网络的路由时，配置静态路由就会显得十分重要，给所有没有确切路由的数据包配置一个默认路由，是一种通常的做法。

要配置静态路由，在全局配置模式中执行表 5-1 所示的命令。

表 5-1　配置路由器静态路由命令

命　令	作　用
Router(config)#ip router network mask {ip-address|interface-type interface-number}[distance][permanent]	配置静态路由
Router(config)#no ip router network mask	删除静态路由

- Network 是目的网络或子网。
- Mask 是子网掩码。
- Ip-address 是下一跳路由器的 IP 地址。
- Interface-type 是用来访问目的网络接口的类型名称。
- Interface-number 是接口号。
- Distance 是一个可选参数，用来定义管理距离。
- Permanent 是一个可选参数，用于确保某个路由不会被删除，即便是它的相关接口已经被关闭。

任务 2　配置路由器默认路由

任务情境

某学校为了扩大办学规模，在另一个城市新办了一所分校，要求两个校区的校园网通过路由器相连，实现两个校园网的内部主机相互通信。

任务分析

对于这项任务，通过路由器的广域网端口 S0 连接两个校园网就可以实现。为了简化，我们将两个路由器的 F0 端口相连接，分别对两个路由器的端口分配 IP 地址，并配置默认路由，这样，再对两个校园网内的主机设置 IP 地址和网关就可以相互通信了。拓扑图如图 5-3 所示。

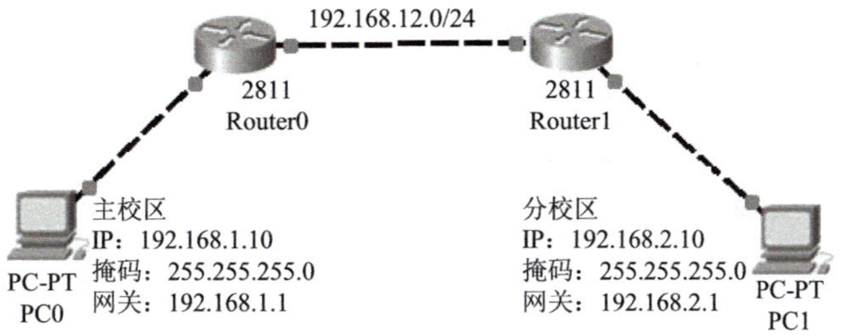

图 5-3　默认路由配置网络拓扑图

任务实施

1. PC 配置

主校区 PC0 的 IP 地址配置为 192.168.1.10，子网掩码为 255.255.255.0，网关为 192.168.1.1。分校区 PC1 的 IP 地址配置为 192.168.2.10，子网掩码为 255.255.255.0，网关为 192.168.2.1。

2. Router0 的配置

第 1 步：进入全局配置模式。

```
Router0>enable
Router0#config terminal
Configuring from terminal, memory, or network [terminal]?
Enter configuration commands, one per line.  End with CNTL/Z.
```

第 2 步：为路由器各个端口分配 IP 地址。

```
Router0(config)#interface fastethernet 0/0
Router0(config-if)#ip address 192.168.1.1 255.255.255.0
Router0(config-if)#no shutdown
%LINK-5-CHANGED: Interface FastEthernet0/0, changed state to up
%LINEPROTO-5-UPDOWN: Line protocol on Interface FastEthernet0/0, changed state to up
Router0(config-if)#interface fastethernet 0/1
Router0(config-if)#ip address 192.168.12.1 255.255.255.0
Router0(config-if)#no shutdown
%LINK-5-CHANGED: Interface FastEthernet0/1, changed state to up
```

查看此时路由器的路由表，可以看到表里面只有直连路由。

```
Router0#show ip route
Codes: C - connected, S - static, I - IGRP, R - RIP, M - mobile, B - BGP
       D - EIGRP, EX - EIGRP external, O - OSPF, IA - OSPF inter area
       N1 - OSPF NSSA external type 1, N2 - OSPF NSSA external type 2
       E1 - OSPF external type 1, E2 - OSPF external type 2, E - EGP
       i - IS-IS, L1 - IS-IS level-1, L2 - IS-IS level-2, ia - IS-IS inter area
       * - candidate default, U - per-user static route, o - ODR
       P - periodic downloaded static route

Gateway of last resort is not set

C    192.168.1.0/24 is directly connected, FastEthernet0/0
C    192.168.12.0/24 is directly connected, FastEthernet0/1
Router0#
```

第 3 步：配置默认路由。

```
Router0(config)#ip route 0.0.0.0 0.0.0.0 192.168.12.2
或 Router0(config)#ip route 0.0.0.0 0.0.0.0   fastethernet 0/1
Router0(config)#end
Router0#
```

第 4 步：检查路由表，此时可以看到路由表里既有直连路由，又有默认路由。

```
Router0#show ip route
Codes: C - connected, S - static, I - IGRP, R - RIP, M - mobile, B - BGP
       D - EIGRP, EX - EIGRP external, O - OSPF, IA - OSPF inter area
       N1 - OSPF NSSA external type 1, N2 - OSPF NSSA external type 2
       E1 - OSPF external type 1, E2 - OSPF external type 2, E - EGP
       i - IS-IS, L1 - IS-IS level-1, L2 - IS-IS level-2, ia - IS-IS inter area
       * - candidate default, U - per-user static route, o - ODR
       P - periodic downloaded static route

Gateway of last resort is not set

C    192.168.1.0/24 is directly connected, FastEthernet0/0
C    192.168.12.0/24 is directly connected, FastEthernet0/1
S*   0.0.0.0/0 [1/0] via 192.168.12.2
Router0#
```

3. Router1 的配置

第 1 步：进入全局配置模式。

```
Router1>enable
Router1#config terminal
Configuring from terminal, memory, or network [terminal]?
Enter configuration commands, one per line.  End with CNTL/Z.
```

第 2 步：为路由器各个端口分配 IP 地址。

```
Router1(config)#interface fastethernet 0/0
Router1(config-if)#ip address 192.168.2.1 255.255.255.0
Router1(config-if)#no shutdown
%LINK-5-CHANGED: Interface FastEthernet0/0, changed state to up
%LINEPROTO-5-UPDOWN: Line protocol on Interface FastEthernet0/0, changed state to up
Router1(config-if)#interface fastethernet 0/1
Router1(config-if)#ip address 192.168.12.2 255.255.255.0
Router1(config-if)#no shutdown
%LINK-5-CHANGED: Interface FastEthernet0/1, changed state to up
```

查看此时路由器的路由表，可以看到表里面只有直连路由。

```
Router0#show ip route
Codes: C - connected, S - static, I - IGRP, R - RIP, M - mobile, B - BGP
       D - EIGRP, EX - EIGRP external, O - OSPF, IA - OSPF inter area
       N1 - OSPF NSSA external type 1, N2 - OSPF NSSA external type 2
       E1 - OSPF external type 1, E2 - OSPF external type 2, E - EGP
       i - IS-IS, L1 - IS-IS level-1, L2 - IS-IS level-2, ia - IS-IS inter area
       * - candidate default, U - per-user static route, o - ODR
       P - periodic downloaded static route

Gateway of last resort is not set

C    192.168.2.0/24 is directly connected, FastEthernet0/0
C    192.168.12.0/24 is directly connected, FastEthernet0/1
Router1#
```

第 3 步：配置默认路由。

```
Router1(config)#ip route 0.0.0.0 0.0.0.0 192.168.12.1
或 Router1(config)#ip route 0.0。。0 0.0.0.0 fastethernet 0/1
Router1(config)#end
Router1#
```

第 4 步：检查路由表，此时可以看到路由表里既有直连路由，又有默认路由。

```
Router1#show ip route
Codes: C - connected, S - static, I - IGRP, R - RIP, M - mobile, B - BGP
       D - EIGRP, EX - EIGRP external, O - OSPF, IA - OSPF inter area
       N1 - OSPF NSSA external type 1, N2 - OSPF NSSA external type 2
       E1 - OSPF external type 1, E2 - OSPF external type 2, E - EGP
       i - IS-IS, L1 - IS-IS level-1, L2 - IS-IS level-2, ia - IS-IS inter area
       * - candidate default, U - per-user static route, o - ODR
       P - periodic downloaded static route

Gateway of last resort is not set

C  192.168.2.0/24 is directly connected, FastEthernet0/0
```

```
C       192.168.12.0/24 is directly connected, FastEthernet0/1
S*      0.0.0.0/0 [1/0] via 192.168.12.1
Router1#
```

4. 检查 PC0 与 PC1 的连通性

在 PC0 的“Desktop”选项卡中单击“Command Prompt”，输入 PING 192.168.2.1 进行测试，测试结果如图 5-4 所示，能够 PING 通。

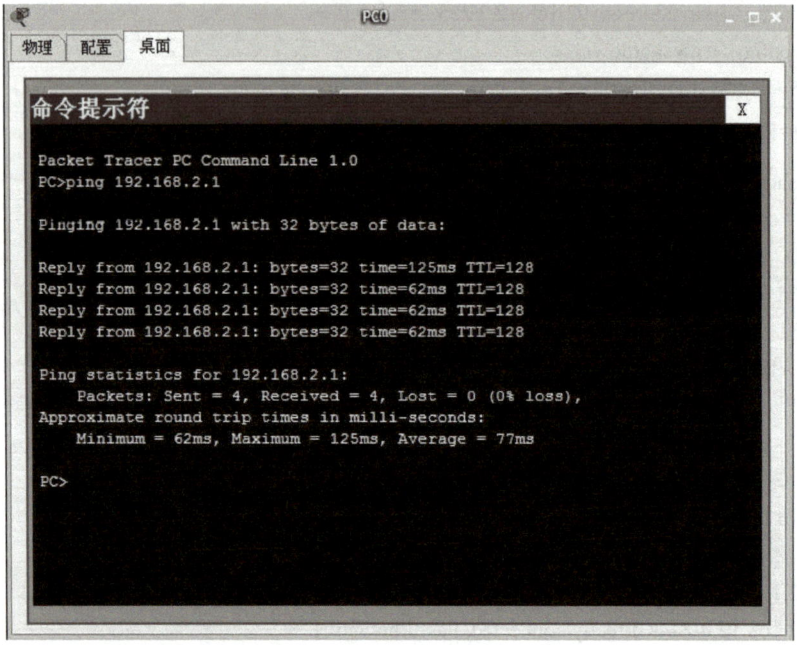

图 5-4　默认路由测试结果

相关知识

1. 默认路由概述

默认路由是一类特殊的静态路由。它用于以下几种情况。

由数据源到目的地址的路由是未知的，或者在路由选择表中存放所有可能路由的信息中是不可行的。默认路由也被称为“殿后网关”。

2. 默认路由配置

不是所有的路由器都有一张完整的全网路由表，为了使每台路由器能够处理所有包的路由转发，通常的做法是功能强大的核心路由器具有完整的路由表，其余路由器将默认路由指向核心路由器。默认路由可以通过动态路由协议进行传播，也可以在每台路由器上进行手工配置。

默认路由的产生有两种方法，手工配置默认静态路由和手工配置默认网络。要产生默认路由，在全局命令配置模式下，执行表 5-2 所示的命令。

表 5-2 配置路由器默认路由命令

命 令	作 用
Router(config)#ip default-network network	配置默认路由
Router(config)#no ip default-network network	删除默认路由

通过 default-network 产生的默认路由只要满足以下条件之一即可。

- 配置的默认网络为直连接口网络。
- 该默认网络不是直连接口网络，但是在路由表中可达。

3. 监视和维护 IP 网络

监视和维护 IP 网络包括两方面内容，即清除 IP 路由表、显示系统和网络统计量。

（1）清除 IP 路由表

路由表的更新是靠路由协议自动维护的，但有时你发现路由表中存在无效路由，这时需要手工清除无效路由以刷新路由表。要清除路由表，在路由器的命令模式下执行表 5-3 所示的命令。

表 5-3 清除路由表命令

命 令	作 用
Router#clear ip route {network[mask]}	清除路由表

注意：执行清除路由表命令一定要非常谨慎，因为该命令的结果会导致网络临时中断。如果能够通过清除部分路由达到目的，就不要执行该命令清除全部路由。

（2）显示系统和网络统计量

可以显示 IP 路由表、缓冲、数据库的所有内容，这些信息对网络故障的排除非常有用。通过显示本地设备网络的可达性，就可以知道数据包在离开本设备后往哪条路径转发。

要显示系统和网络统计量，在命令执行模式中执行表 5-4 所示的命令。

表 5-4 显示路由表命令

命 令	作 用
Router#show ip route[network[mask] [longer-perfixes]][protocol[process-id]]	显示 IP 路由表当前状态
Router#show ip route summary	显示 IP 路由表当前状态摘要

知识拓展

1. DHCP 介绍

DHCP（Dynamic Host Configuration Protocol，动态主机配置协议）的前身是 BOOTP，它工作在 OSI 的应用层，是一种帮助计算机从指定的 DHCP 服务器获取它们的配置信息的自举协议。

DHCP 使用客户端 / 服务器模式，请求配置信息的计算机叫做 DHCP 客户端，而提供信息的叫做 DHCP 的服务器。DHCP 为客户端分配地址的方法有 3 种：手工配置、自动配置、动态配置。

DHCP 最重要的功能就是动态分配。除了 IP 地址，DHCP 分组还为客户端提供其他的配置信息，比如子网掩码。这使得客户端无需用户动手就能自动配置连接网络。

2. DHCP 的优缺点

1）DHCP 主机配置方式最重要的特征就是整个配置过程自动实现而且所有配置信息在一个地方集中控制。

2）很明显 DHCP 采用 CLIENT-SERVER 方式实现，而且 DHCP 是基于 UDP 层之上的。应用 DHCP CLIENT 将采用知名端口号 68，DHCP SERVER 采用知名端口号 67 进行交互。

3）最初的 BOOTP/DHCP 是在同一个物理子网中使用广播方式实现的，无法穿越路由器扩展到不同的物理子网中，也就是要使用 DHCP 的每一个网络中必须配置一台 DHCP 服务器。为了克服这一缺陷采用了 DHCPRELAY 的方式使得 BOOTP/DHCP 能够穿越路由器实现。

4）BOOTP 主要用于一些较简单的终端设备如无盘工作站等。通过 BOOTP 获取的信息也就相对较少但它的 CLIENT-SERVER 间的交互过程较简单。DHCP 能较全面可以获取的信息也较多，但 CLIENT-SERVER 间的交互过程比较复杂。

5）DHCP 一般采用终端的硬件地址。如果是以太网就是我们常说的 MAC 地址来唯一标志一个终端设备。

6）DHCP 通过设置 IP 地址，其使用租期可以达到 IP 地址的分时复用效果。解决 IP 地址资源短缺的问题。

7）DHCP 基本上是一个单向驱动协议，SERVER 完全是被动的，其动作行为基本完全由 CLIENT 的请求行为而激发，即 SERVER 端无法主动控制 CLIENT 端。因此其交互性和安全性就没有 PPP 那么完善，这是 DHCP 的致命缺点。

3. DHCP 的工作流程

1）发现阶段。DHCP 客户机以广播方式（因为 DHCP 服务器的 IP 地址对于客户机来说是未知的）发送 DHCP discover 发现信息来寻找 DHCP 服务器，即向地址 255.255.255.255 发送特定的广播信息。网络上每一台安装了 TCP/IP 的主机都会接收到这种广播信息，但只有 DHCP 服务器才会做出响应。

2）提供阶段。在网络中接收到 DHCP discover 发现信息的 DHCP 服务器都会做出响应，它从尚未出租的 IP 地址中挑选一个分配给 DHCP 客户机，向 DHCP 客户机发送一个包含出租的 IP 地址和其他设置的 DHCP offer 提供信息。

3）选择阶段。如果有多台 DHCP 服务器向 DHCP 客户机发来的 DHCP offer 提供信息，则 DHCP 客户机只接受第一个收到的 DHCP offer 提供信息，然后它就以广播方式回答一个 DHCP request 请求信息，该信息中包含向它所选定的 DHCP 服务器请求 IP 地址的内容。之所以要以广播方式回答，是为了通知所有的 DHCP 服务器，它将选择某台 DHCP 服务器所提供的 IP 地址。

4）确认阶段。当 DHCP 服务器收到 DHCP 客户机回答的 DHCP request 请求信息之后，它便向 DHCP 客户机发送一个包含它所提供的 IP 地址和其他设置的 DHCP ACK 确认信息，告诉 DHCP 客户机可以使用它所提供的 IP 地址，然后 DHCP 客户机便将其 TCP/IP 与网卡绑定。另外，除 DHCP 客户机选中的服务器外，其他的 DHCP 服务器都将收回曾提供的 IP 地址。

5）重新登录。DHCP 客户机每次重新登录网络时，就不需要再发送 DHCP discover 发现信息了，而是直接发送包含前一次所分配的 IP 地址的 DHCP request 请求信息。

当 DHCP 服务器收到这一信息后，它会尝试让 DHCP 客户机继续使用原来的 IP 地址，并回答一个 DHCP ACK 确认信息。如果此 IP 地址已无法再分配给原来的 DHCP 客户机使用时（比如此 IP 地址已分配给其他 DHCP 客户机使用），则 DHCP 服务器给 DHCP 客户机回答一个 DHCP NACK 否认信息。当原来的 DHCP 客户机收到此 DHCP NACK 否认信息后，它就必须重新发送 DHCP discover 发现信息来请求新的 IP 地址。

6）更新租约。DHCP 服务器向 DHCP 客户机出租的 IP 地址一般都有一个租借期限，期满后 DHCP 服务器便会收回出租的 IP 地址。如果 DHCP 客户机要延长其 IP 租约，则必须更新其 IP 租约。DHCP 客户机启动时和 IP 租约期限过一半时，DHCP 客户机都会自动向 DHCP 服务器发送更新其 IP 租约的信息。

小结

本章主要介绍了路由器的基本知识以及路由器静态路由、默认路由的配置方法。其中默认路由是一种特殊的静态路由，在不知道目标网络地址的情况下，可以配置默认路由。通过配置静态路由，网络工程师可以人为地指定对某一网络访问时所要经过的路径。通常情况下，不会为网络中的所有路由器都配置静态路由，因为网络稍有变动，静态路由就要重新配置。然而在以下一些特定情况中，静态路由还是有用的，比如，在企业网络规模较小，结构很少变化，没有冗余链路，有很多小的分支，并且只有一条路径可以到达网络的其他部分。

实战强化

配置如图 5-5 所示的静态路由和默认路由网络拓扑图。

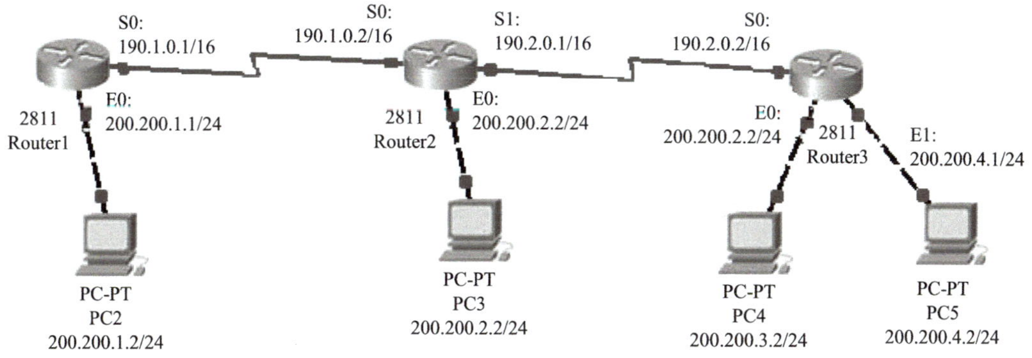

图 5-5　静态路由和默认路由网络拓扑图

项目 6　配置路由器动态路由

职业能力目标

1）掌握路由器动态路由协议的工作原理。
2）掌握路由器动态路由协议 RIP 的配置方法。
3）掌握路由器动态路由协议 OSPF 的配置方法。

任务 1　配置路由器动态路由协议 RIP

任务情境

某学校为了扩大办学规模，在另一个城市新办了一所分校，要求两个校区的校园网通过路由器相连，实现两个校园网的内部主机相互通信。

任务分析

对于这项任务，通过路由器的广域网端口 S0 连接两个校园网就可以实现。为了简化，我们将两个路由器的 F0 端口相连接，分别对两个路由器的端口分配 IP 地址，并配置动态路由协议 RIP，这样，再对两个校园网内的主机设置 IP 地址和网关就可以相互通信了。网络拓扑图如图 6-1 所示。

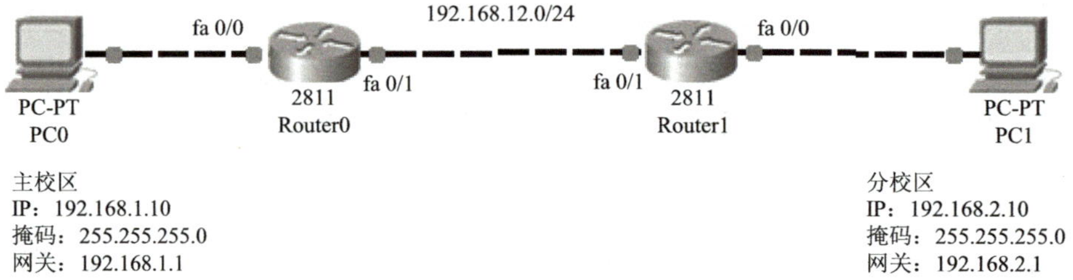

图 6-1　动态路由协议 RIP 配置网络拓扑图

任务实施

1．PC 机配置

主校区 PC0 的 IP 地址配置为 192.168.1.10，子网掩码为 255.255.255.0，网关为 192.168.1.1。分校区 PC1 的 IP 地址配置为 192.168.2.10，子网掩码为 255.255.255.0，网关为 192.168.2.1。

2. 路由器 Router0 的配置

第 1 步：进入全局配置模式。

```
Router0>enable
Router0#configure terminal
Configuring from terminal, memory, or network [terminal]?
Enter configuration commands, one per line.   End with CNTL/Z.
```

第 2 步：为路由器各个端口分配 IP 地址。

```
Router0(config)#interface fastethernet 0/0
Router0(config-if)#ip address 192.168.1.1 255.255.255.0
Router0(config-if)#no shutdown
%LINK-5-CHANGED: Interface FastEthernet0/0, changed state to up
%LINEPROTO-5-UPDOWN: Line protocol on Interface FastEthernet0/0, changed state to up
Router0(config-if)#interface fastethernet 0/1
Router0(config-if)#ip address 192.168.12.1 255.255.255.0
Router0(config-if)#no shutdown
%LINK-5-CHANGED: Interface FastEthernet0/1, changed state to up
```

查看此时路由器的路由表，可以看到表里面只有直连路由：

```
Router0#show ip route
Codes: C - connected, S - static, I - IGRP, R - RIP, M - mobile, B - BGP
       D - EIGRP, EX - EIGRP external, O - OSPF, IA - OSPF inter area
       N1 - OSPF NSSA external type 1, N2 - OSPF NSSA external type 2
       E1 - OSPF external type 1, E2 - OSPF external type 2, E - EGP
       i - IS-IS, L1 - IS-IS level-1, L2 - IS-IS level-2, ia - IS-IS inter area
       * - candidate default, U - per-user static route, o - ODR
       P - periodic downloaded static route

Gateway of last resort is not set

C      192.168.1.0/24 is directly connected, FastEthernet0/0
C      192.168.12.0/24 is directly connected, FastEthernet0/1
Router0#
```

第 3 步：配置动态路由 RIP。

启动路由协议 RIP。

```
Router0(config)#Router Rip
```

宣布与 Router0 相连的网络（192.168.1.0 和 192.168.12.0）：

```
Router0(config-router)#Network 192.168.1.0
Router0(config-router)#Network 192.168.12.0
Router0#End
```

配置动态路由时，先启动动态路由协议 RIP，然后通过 Network 宣布有哪些网络与该路由相连，并且通过这些网络交换路由信息。

第 4 步：检查路由表，此时可以看到路由表里只有直连路由，没有动态路由，因为另一个路由器还没有配置 RIP。动态路由协议必须在两个路由器都配置相同协议后，经过一段时间的学习，才能在路由表中看到动态路由信息。

```
Router0#show ip route
Codes: C - connected, S - static, I - IGRP, R - RIP, M - mobile, B - BGP
       D - EIGRP, EX - EIGRP external, O - OSPF, IA - OSPF inter area
       N1 - OSPF NSSA external type 1, N2 - OSPF NSSA external type 2
       E1 - OSPF external type 1, E2 - OSPF external type 2, E - EGP
       i - IS-IS, L1 - IS-IS level-1, L2 - IS-IS level-2, ia - IS-IS inter area
       * - candidate default, U - per-user static route, o - ODR
       P - periodic downloaded static route

Gateway of last resort is not set

C    192.168.1.0/24 is directly connected, FastEthernet0/0
C    192.168.12.0/24 is directly connected, FastEthernet0/1
Router0#
```

3. 路由器 Router1 的配置

第 1 步：进入全局配置模式。

```
Router1>enable
Router1#config terminal
Configuring from terminal, memory, or network [terminal]?
Enter configuration commands, one per line.  End with CNTL/Z.
```

第 2 步：为路由器各个端口分配 IP 地址。

```
Router1(config)#interface fastethernet 0/0
Router1(config-if)#ip address 192.168.2.1 255.255.255.0
Router1(config-if)#no shutdown
%LINK-5-CHANGED: Interface FastEthernet0/0, changed state to up
%LINEPROTO-5-UPDOWN: Line protocol on Interface FastEthernet0/0, changed state to up
Router1(config-if)#interface fastethernet 0/1
Router1(config-if)#ip address 192.168.12.2 255.255.255.0
Router1(config-if)#no shutdown
%LINK-5-CHANGED: Interface FastEthernet0/1, changed state to up
```

查看此时路由器的路由表，可以看到表里面只有直连路由：

```
Router0#show ip route
Codes: C - connected, S - static, I - IGRP, R - RIP, M - mobile, B - BGP
       D - EIGRP, EX - EIGRP external, O - OSPF, IA - OSPF inter area
       N1 - OSPF NSSA external type 1, N2 - OSPF NSSA external type 2
       E1 - OSPF external type 1, E2 - OSPF external type 2, E - EGP
       i - IS-IS, L1 - IS-IS level-1, L2 - IS-IS level-2, ia - IS-IS inter area
       * - candidate default, U - per-user static route, o - ODR
       P - periodic downloaded static route

Gateway of last resort is not set
```

```
C      192.168.2.0/24 is directly connected, FastEthernet0/0
C      192.168.12.0/24 is directly connected, FastEthernet0/1
Router1#
```

第 3 步：配置动态路由 RIP。

```
Router1(config)#Router Rip
Router1(config-Router)#Network 192.168.2.0
Router1(config-Router)#Network 192.168.12.0
Router1#End
```

第 4 步：检查路由表，此时可以看到路由表里既有直连路由，又有动态路由。

```
Router1#show ip route
Codes: C - connected, S - static, I - IGRP, R - RIP, M - mobile, B - BGP
       D - EIGRP, EX - EIGRP external, O - OSPF, IA - OSPF inter area
       N1 - OSPF NSSA external type 1, N2 - OSPF NSSA external type 2
       E1 - OSPF external type 1, E2 - OSPF external type 2, E - EGP
       i - IS-IS, L1 - IS-IS level-1, L2 - IS-IS level-2, ia - IS-IS inter area
       * - candidate default, U - per-user static route, o - ODR
       P - periodic downloaded static route

Gateway of last resort is not set

R     192.168.1.0/24 [120/1] via 192.168.12.1, 00:00:02, FastEthernet0/1
C     192.168.2.0/24 is directly connected, FastEthernet0/0
C     192.168.12.0/24 is directly connected, FastEthernet0/1
Router1#
```

4. 检查 PC0 与 PC1 的连通性

在 PC0 的“Desktop”选项卡中单击“Command Prompt”，输入 PING 192.168.2.10 进行测试，结果如图 6-2 所示，能够 PING 通。

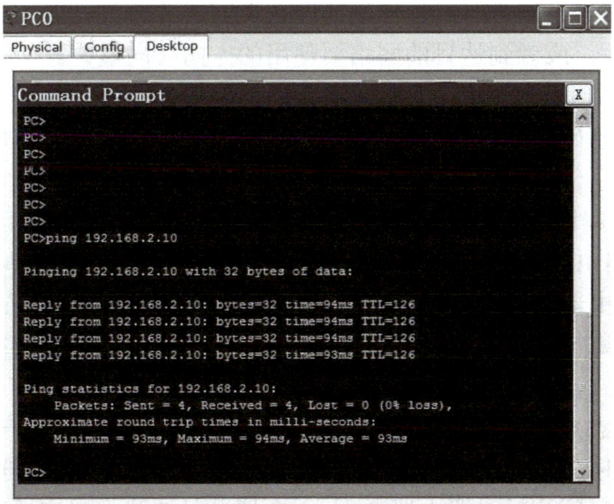

图 6-2　测试 PC0 与 PC1 的连通性

相关知识

1. 动态路由简述

对于图 6-3 所示的网络拓扑图，如果采用静态路由配置路由器 Router0，则到达网络 2 的数据包从 Router1 路由器经过。当 Router0 和 Router1 之间的连接出现故障时，PC0 和 PC1 将无法通信。网络管理员只能重新配置 Router0 的静态路由，使得数据从 Router2 经过。但如果一个网络的规模很大，链路状态经常有变化，网络管理员不能实时跟踪网络的变化来改变网络的静态路由而保证网络的畅通时，动态路由协议就提供了更多的灵活性，它能够动态地反映网络的状态。当网络发生变化时，路由器会更新自己的路由表，使得数据包能够挑选路径到达目的地址，保证网络的畅通。

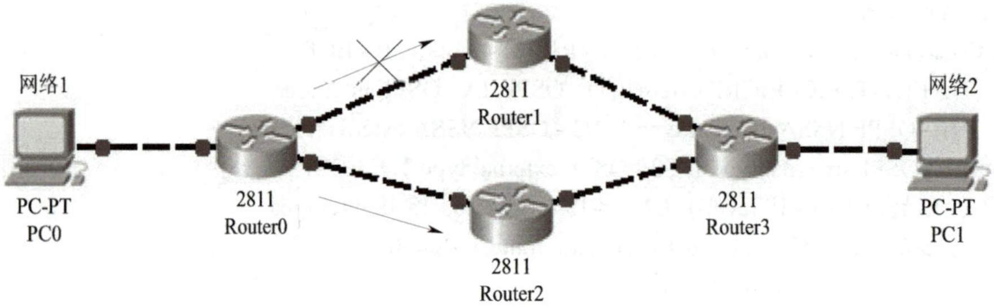

图 6-3 动态路由的必要性

2. 动态路由分类

动态路由协议可分为距离向量、链路状态和混合算法。距离向量路由协议确定网络中任意一条链路方向和距离；链路状态路由协议建立整个网络的精确拓扑结构；混合算法路由协议结合了距离向量和链路状态的特点。

（1）距离向量路由选择协议

距离向量路由选择协议也称为 Bellman-Ford 协议，该算法以发明者名字命名。该协议路由器定期向相邻路由器发送以下两条信息：

1）达到目的网络经过的跳距离、使用的度或者网络的数量。

2）下一跳是什么，或者到达目的网络要使用的方向（向量）。

距离向量路由器定期向相邻路由器发送它们的整个路由表。距离向量路由器在从相邻路由器接收到信息的基础之上建立自己的路由表，然后将信息传递到它的相邻路由器，它的路由表应该是在第 2 手信息的基础上建立起来的，如图 6-4 所示。每个路由器把自己直连网络的路由度量值（也叫距离）设为 0，例如，路由器 Router0 到网络 1 的距离为 0。路由器 Router0 把它广播给路由器 Router1，路由器 Router1 从路由器 Router0 接收到网络 1 的路由后，会把距离加 1。而路由器 Router1 又把网络 1 的路由广播给路由器 Router2，路由器 Router2 又把距离加 1。在距离向量路由协议中，路由器是通过从相邻路由器那里得到的信息来构建它们的路由表的。

路由协议能够动态反映网络拓扑结构的变化，它们是如何做到这一点的呢？如图 6-5 所示，当网络 4 不可达时，路由器 Router2 会首先发现这一情况，并更新自己的路由表。当路由器定期广播路由表的时间到时，路由器 Router2 会把自己的路由表广播给路由器 Router1，路由器 Router1 收到后更新自己的路由表，并且也在一定时间广播给 Router0，路由器 Router0 也根据收到的信息更新自己的路由表，这样，整个网络都知道了网络 4 不可达。

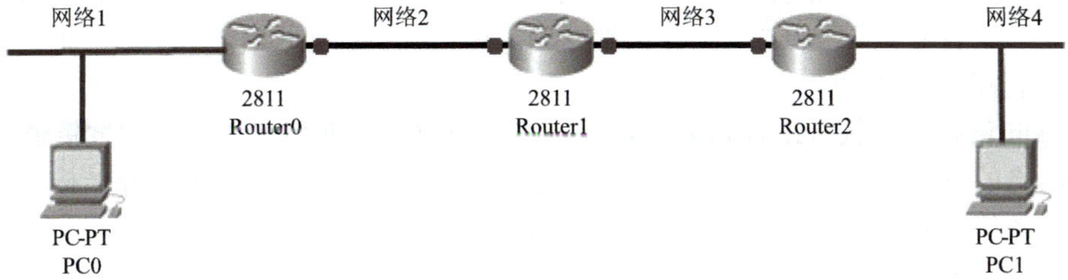

图 6-4 距离向量协议路由表的建立

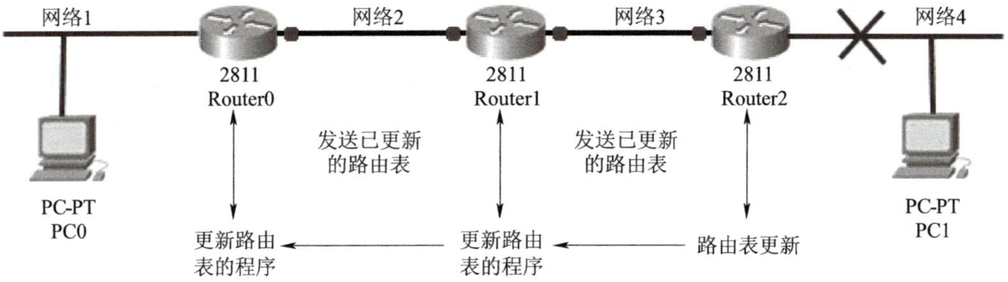

图 6-5 网络拓扑变化的广播

距离路由向量也有不足，主要问题就是有可能产生环路。产生环路的根本原因在于网络对于一个新的配置收敛反应比较慢，从而引起网络中各个路由器的路由表不一致。但它也有消除环路的办法，一个办法是如果网络的跳数超过定义好的最大跳数，就认为网络不可达；另外两个办法是采用了水平分割盒和抑制定时器。

（2）链路状态路由选择协议

链路状态路由选择协议的目的是映射互联网络的拓扑结构。每个链路状态路由器提供关于它的邻居拓扑结构信息，包括路由器连接的网络和那些链路状况。这个信息在网络上传播，让所有路由器都接收到这个信息。链路状态路由器不广播它们路由表内的信息，它们只发送关于已经改动的路由信息。链路状态路由器向它们邻居发送呼叫信息，称为链路状态数据包（LSP）或链路状态通告，然后邻居通过链路状态数据包产生它们的路由表，并传递到网络的剩余部分。它的结果是向网络发送第一手信息，为网络建立更新路由的准确信息。

链路状态路由选择协议使用称为代价的方法，而不是使用跳。代价是自动或人工赋值的。根据链路状态协议的算法，代价可以计算数据包必须穿越的跳数目、链路带宽、链路上的当前负载，甚至其他由管理员加入的权重来评价。

1）当一个链路状态路由器进入链路状态互联网络时，它发送一个呼叫数据包，以了解其邻居。

2）邻居用关于它们所连接的链路以及相关的代价度的信息进行应答。

3）起始的路由器用这个信息来建立它的路由选择表。

4）然后，作为定期更新的一部分。路由器向它的邻居发送链路状态数据包。这个 LSP 包括了那个路由器的链路及相关代价。

5）每个邻居赋值数据包，并且将 LSP 传递到下一个邻居。这个过程称为泛洪。

6）因为路由器在泛洪 LSP 之前没有重新计算路由，选择数据库，所以聚合时间减少了。

链路状态路由选择协议的一个主要优点是：路由选择循环不可能形成，原因是链路状态协议建立它们自己的路由选择信息表的方式。第二个优点是：在链路状态互联网络中聚合是非常快的，原因是一旦路由选择拓扑出现变动，更新就会在互联网络上迅速泛洪。

（3）混合路由协议

将距离向量和链路状态结合起来就是混合路由协议，它使用更加复杂的度量值来确定到达目的网络的最佳路径。然而，与距离向量路由协议不同的是，它是由拓扑结构的变化来触发路由更新信息的发送，而不是定时发送路由表。

3. RIP 路由协议

RIP（Routing information Protocol，路由信息协议）是应用较早、使用较普遍的内部网关协议（Interior Gateway Protocol，IGP），适用于小型同类网络的一个自治系统（AS）内的路由信息的传递。RIP 是基丁距离矢量算法（Distance Vector Algorithms，DVA）的。它使用“跳数”，即 metric 来衡量到达目标地址的路由距离。它是一个用于路由器和主机间交换路由信息的距离向量协议，目前最新的版本为 v4，也就是 RIPv4。

当前的 Internet 被组成一系列的自治系统，各自治系统通过一个核心路由器连到主干网上。而一个自治系统往往对应一个组织实体（比如一个公司或大学）内部的网络与路由器集合。每个自治系统都有自己的路由技术，对不同的自治系统路由技术是不相同的。用于自治系统间接口上的路由协议称为“外部网关协议”，简称 EGP（Exterior Gateway Protocol）；而用于自治系统内部的路由协议称为“内部网关协议”，简称 IGP。内部网关与外部网关协议不同，外部路由协议只有一个，而内部路由器协议则是一族。各内部路由器协议的区别在于距离制式（Distance Metric，即距离度量标准）不同，和路由刷新算法不同。RIP 是最广泛使用的 IGP 类协议之一，著名的路径刷新程序 Routed 便是根据 RIP 实现的。RIP 被设计用于使用同种技术的中型网络，因此适应于大多数的校园网和使用速率变化不是很大的连续线的地区性网络。对于更复杂的环境，一般不使用 RIP。

（1）RIP 工作原理

RIP 基于 Bellham-Ford（距离向量）算法，此算法 1969 年被用于计算机路由选择，正式协议首先是由 Xerox 于 1970 年开发的，当时是作为 Xerox 的“Networking Services（NXS）”协议族的一部分。由于 RIP 实现简单，因此迅速成为使用范围最广泛的路由协议。

路由器的关键作用是用于网络的互联，每个路由器与两个以上的实际网络相连，负责在这些网络之间转发数据报。在讨论 IP 进行选路和对报文进行转发时，我们总是假设路由器包含了正确的路由，而且路由器可以利用 ICMP 重定向机制来要求与之相连的主机更改路由。但在实际情况下，IP 进行选路之前必须先通过某种方法获取正确的路由表。在小型的、变化缓慢的互联网络中，管理者可以用手工方式来建立和更改路由表。而在大型的、迅速变化的环境下，人工更新的办法则慢得不能接受。这就需要使用自动更新路由表的方法，即所谓的动态路由协议，RIP 是其中最简单的一种。

在路由实现时，RIP 作为一个系统长驻进程（daemon）而存在于路由器中，负责从网络系统的其他路由器接收路由信息，从而对本地 IP 层路由表作动态的维护，保证 IP 层发送报文时选择正确的路由。同时负责广播本路由器的路由信息，通知相邻路由器作相应的修改。RIP 处于 UDP 的上层，RIP 所接收的路由信息都封装在 UDP 的数据包中，RIP 在 520 号 UDP 端口上接收来自远程路由器的路由修改信息，并对本地的路由表进行相应的修改，同时通知其他路由器。通过这种方式，达到全局路由的有效性。

RIP 路由协议用“更新（UNPDATES）”和“请求（REQUESTS）”这两种分组来传输信息。每个具有 RIP 功能的路由器每隔 30s 通过 UDP520 端口为与自己直接相连的机器广播更新信息。更新信息反映了该路由器所有的路由选择信息数据库。路由选择信息数据库的每个条目由“局域网上能达到的 IP 地址”和“与该网络的距离”两部分组成。请求信息用于寻找网络上能发出 RIP 报文的其他设备。

RIP 用“路程段数”（即“跳数”）作为网络距离的尺度。每个路由器在给相邻路由器发出路由信息时，都会给每个路径加上内部距离。在图 6-6 中，路由器 3 直接和网络 C 相连。当它向路由器 2 通告网络 142.10.0.0 的路径时，它把跳数增加 1。与之相似，路由器 2 把跳数增加到“2”，且通告路径给路由器 1，则路由器 2 和路由器 1 与路由器 3 所在网络 142.10.0.0 的距离分别是 1 跳、2 跳。

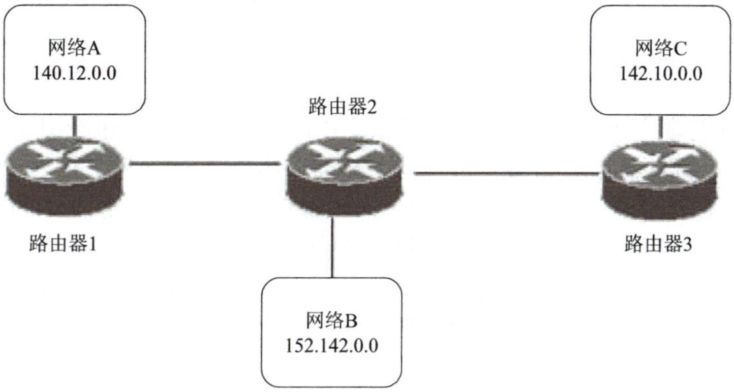

图 6-6　RIP 跳数示例

然而在实际的网络路由选择上并不总是由跳数决定的，还要结合实际的路径连接性能综合考虑。在图 6-7 所示的网络中，从路由器 1 到网络 C，RIP 将更倾向于跳数为 2 的路由器 1→路由器 2→路由器 3 的 1.5Mbit/s 链路，而不是选择跳数为 1 的 56Kbit/s、直接的路由器 1→路由器 3 路径，因为跳数为 1 的 56Kbit/s 串行链路比跳数为 2 的 1.5Mbit/s 串行链路慢得多。

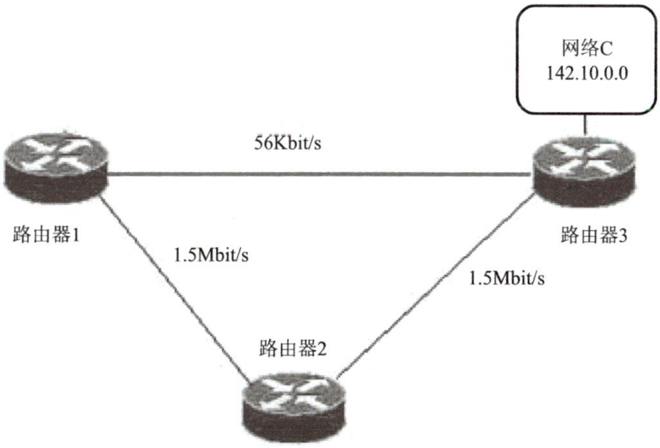

图 6-7　RIP 路由选择示例

（2）RIP 的收敛机制

任何距离向量路由选择协议（如 RIP）都有一个问题，即路由器不知道网络的全局情况，必须依靠相邻路由器来获取网络的可达信息。由于路由选择更新信息在网络上传播慢，距离向量路由选择算法有一个慢收敛问题，这个问题将导致不一致性产生。RIP 使用以下机制可减少因网络上的不一致带来的路由选择环路的可能性。

1）记数到无穷大机制。RIP 允许最大跳数为 15。大于 15 的目的网络被认为是不可达。这个数字在限制了网络大小的同时也防止了一个叫做“记数到无穷大”的问题。

记数到无穷大机制的工作原理如下：

①现假设路由器 1 断开了与网络 A 相连，则路由器 1 丢失了与网络 A 相连的以太网接口后产生一个触发更新送往路由器 2 和路由器 3。这个更新信息同时告诉路由器 2 和路由器 3，路由器 1 不再有到达网络 A 的路径。假设这个更新信息传输到路由器 2 被推迟了（CPU 忙、链路拥塞等），但到达了路由器 3，所以路由器 3 会立即从路由表中去掉到网络 A 的路径。

②路由器 2 由于未收到路出器 1 的触发更新信息，因此发出它的常规路由选择更新信息，通告网络 A 以 2 跳的距离可达。路由器 3 收到这个更新信息，认为出现了一条通过路由器 2 的到达网络 A 的新路径。于是路由器 3 告诉路由器 1，它能以 3 跳的距离到达网络 A。

③在收到路由器 3 的更新信息后，就把这个信息加上一跳后向路由器 2 和路由器 3 同时发出更新信息，告诉它们路由器 1 可以以 3 跳的距离到达网络 A。

④路由器 2 在收到路由器 1 的消息后，比较发现与原来到达网络 A 的路径不符，更新成可以以 4 跳的距离到达网络 A。这个消息再次会发往路由器 3，以此循环，直到跳数达到超过 RIP 允许的最大值（在 RIP 中定义为 16）。一旦一个路由器达到这个值，它就将声明这条路径不可用，并从路由表中删除此路径。

RIP 收敛机制示例如图 6-8 所示。

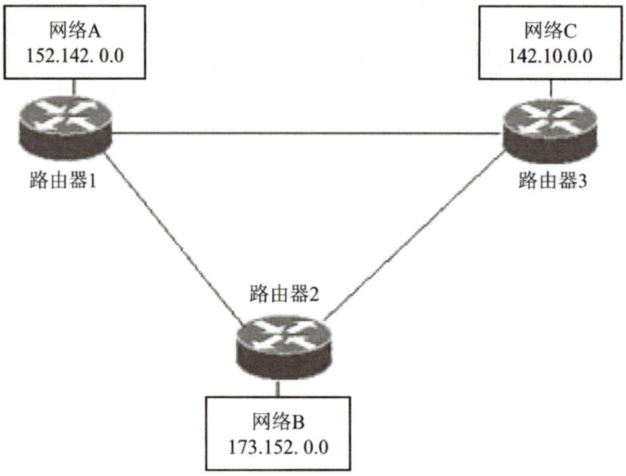

图 6-8　RIP 收敛机制示例

由于记数到无穷大问题，路由选择信息将从一个路由器传到另一个路由器，每次段数加 1。路由选择环路问题将无限制地进行下去，除非达到某个限制。这个限制就是 RIP 的最大跳数。当路径的跳数超过 15，这条路径才从路由表中删除。

2）水平分割法。水平分割规则是：路由器不向路径到来的方向回传此路径。当打开路由器接口后，路由器记录路径是从哪个接口来的，并且不向此接口回传此路径。

Cisco 可以对每个接口关闭水平分割功能。这个特点在“non broadcast mutilple access”（NBMA，非广播多路访问）环境下十分有用。在如图 6-9 所示的网络中，路由器 2 通过帧中继连接路由器 1 和路由器 3，两个 PVC 都在路由器 2 的同一个物理接口（S0）中止。如果在路由器 2 的水平分割功能未被关闭，那么路由器 3 将收不到路由器 1 的路由选择信息（反之亦然）。用“no ip split-horizon”接口子命令可关闭水平分割功能。

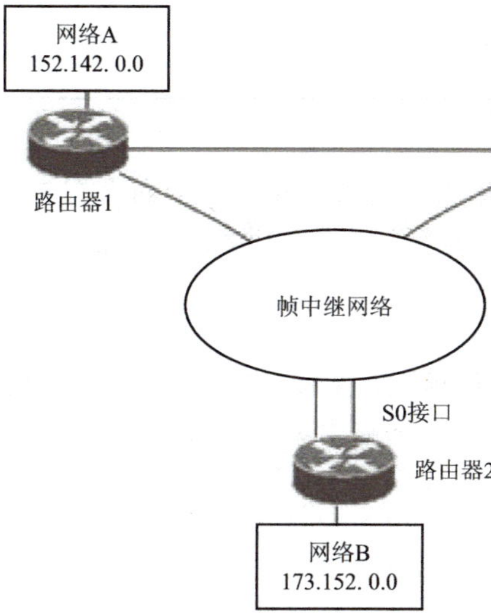

图 6-9　水平分割法原理示例

① 破坏逆转的水平分割法。水平分割是路由器用来防止把一个接口得来的路径又从此接口传回的方案。水平分割方案忽略在更新过程中从一个路由器获取的路径又传回该路由器。有破坏逆转的水平分割方法是在更新信息中包括这些回传路径，但这种处理方法会把这些回传路径的跳数设为 16（无穷）。通过把跳数设为无穷，并把这条路径告诉源路由器，有可能立刻解决路由选择环路。否则，不正确的路径将在路由表中驻留到超时为止。破坏逆转的缺点是它增加了路由更新的数据大小。

② 保持定时器法。保持定时器法可防止路由器在路径从路由表中删除后一定的时间内（通常为 180s）接收新的路由信息。它的工作原理是保证每个路由器都收到了路径不可达信息，而且没有路由器发出无效路径信息。例如，在图 6-9 所示网络中，由于路由更新信息被延迟，路由器 2 向路由器 3 发出错误信息。但使用保持计数器法后，这种情况将不会发生，因为路由器 3 将在 180s 内不接收通向网络 A 的新的路径信息，到那时路由器 2 将存储正确的路由信息。

③ 触发更新法。触发更新法是指破坏逆转的水平分割方法，可将任何两个路由器构成的环路打破，但 3 个或更多个路由器构成的环路仍会发生，直到无穷（16）时为止。触发式更新法可加速收敛时间，它的工作原理是当某个路径的跳数改变了，路由器立即发出更新信息，不管路由器是否到达常规信息更新时间都发出更新信息。

（3）RIP 报文格式

表 6-1 所示为 RIP 信息格式。

表 6-1 RIP 信息格式

8bits	16bits	32bits
Command	Version	Unused
Address Family Identifier		Router Tag（only for RIP2；0 for RIP）
IP Address		
Subnet Mask（only for RIP2；0 for RIP）		
Next Hop（only for RIP2；0 for RIP）		
Metric		

表中各字段解释如下：

Command：命令字段，8 位，用来指定数据报用途。命令有 5 种：Request（请求）、Response（响应）、Traceon（启用跟踪标记，自 v2 版本后已经淘汰）、Traceoff（关闭跟踪标记，自 v2 版本后已经淘汰）和 Reserved（保留）。

Version：RIP 版本号字段，16 位。

Address Family Identifier：地址族标识符字段，24 位。它指出该入口的协议地址类型。由于 RIP2 版本可能使用几种不同协议传送路由选择信息，所以要使用到该字段。IP 地址的 Address Family Identifier 为 2。

Router Tag：路由标记字段，32 位，仅在 v2 版本以上需要，第 1 版本不用，为 0。用于路由器指定属性，必须通过路由器保存和重新广告。路由标志是分离内部和外部 RIP 路由线路的一种常用方法（路由选择域内的网络传送线路），该方法在 EGP 或 IGP 都有应用。

IP Address：目标 IP 地址字段，IPv4 地址为 32 位。

Subnet Mask：子网掩码字段，IPv4 子网掩码地址为 32 位。它应用于 IP 地址，生成非主机地址部分。如果为 0，说明该入口不包括子网掩码。也仅在 v2 版本以上需要，在 RIPv1 中不需要，为 0。

Next Hop：下一跳字段，指出下一跳 IP 地址，由路由入口指定的通向目的地的数据包需要转发到该地址。

Metric：跳数字段，表示从主机到目的地获得数据包过程中的整个成本。

知识拓展

一个可靠的网络应用要实现关键业务的不间断，只靠用户当前的线路和设备是不够的，因为只要该线路或者设备存在故障，就有可能导致关键业务中断，给用户造成无法估量的损失，因此要求有链路备份的能力。目前提供了 3 种备份模式，根据使用环境及需要来选择。

1. 基于接口链路的备份

在这种模式下，一旦主接口的链路断开，失去达到目的地址的路由，在设定的备份启动时间内，系统会使用备份接口链路，确保仍然存在到达目的地址的路由；如果主接口的链路恢复畅通，系统会自动关闭备份接口，切换到主接口链路。

1）配置主接口使用的备份接口。允许主接口既可以是物理接口，也可以是逻辑接口，备份接口也一样。设置备份接口的命令见表 6-2。

表 6-2　设置备份接口命令

命　　令	功　　能
Router(config-if)#backup interface interface-name interface-number	设置备份接口
Router(config-if)#no backup interface interface-name interface-number	取消备份接口

2）配置主接口、备份接口切换延时。当主接口的链路状态由 UP 转为 DOWN 时，系统并不立即切换到备份链路，而是等待一个预先设置好的延时。若超过这个时间后，主接口仍为 DOWN 状态，系统才会切换到备份接口。若在延时这段时间内，主接口恢复正常，则不进行切换。

当主接口的链路状态由 DOWN 转为 UP 后，系统并不立即切换回主接口，而是等待一个预先设置好的延时。若超过这个延时后主接口仍为 UP，系统才切换回主接口。设置主接口与备份接口切换延时的命令见表 6-3。

表 6-3　设置主接口、备份接口切换延时命令

命　　令	功　　能
Router(config-if)#backup delay {enable-delay-time|never} {disable-delay-time|never}	设置主接口、备份接口切换延时
Router(config-if)#no backup delay	取消主接口、备份接口切换延时

其中，enable-delay-time 为从主接口切换到备份接口延时，默认为 0；disable-delay-time 为从备份接口切换到主接口的延时，默认为 0，never 表示不切换。

2. 基于接口带宽的备份

带宽百分比是指在主接口上当前每秒钟的流量占用主接口全部可用带宽的百分比。设置启动与关闭备份接口带宽百分比的命令见表 6-4。

表 6-4　设置接口带宽百分比命令

命　　令	功　　能
Router(config-if)#backup load {enable-delay-percent|never} {disable-delay-percent|never}	设置接口带宽百分比
Router(config-if)#no backup load	取消接口带宽百分比

3. 基于路由的备份

基于路由的备份，时间上是通过设置静态路由或动态路由来产生冗余路由作为备份路由，可用在全局模式下。使用 IP ROUTE 命令配置静态路由，也可以通过设置 RIP、OSPF 等动态路由来配置。

任务 2　配置路由器动态路由协议 OSPF

任务情境

某学校为了扩大办学规模，在另一个城市新办了一所分校，要求两个校区的校园网通过路由器相连，实现两个校园网的内部主机相互通信。

任务分析

对于这项任务，通过路由器的广域网端口 S0 连接两个校园网就可以实现。为了简化，我们将两个路由器的 F0 端口相连接，分别对两个路由器的端口分配 IP 地址，并配置动态路由协议 OSPF，这样，再对两个校园网内的主机设置 IP 地址和网关即可相互通信了。网络拓扑图如图 6-10 所示。

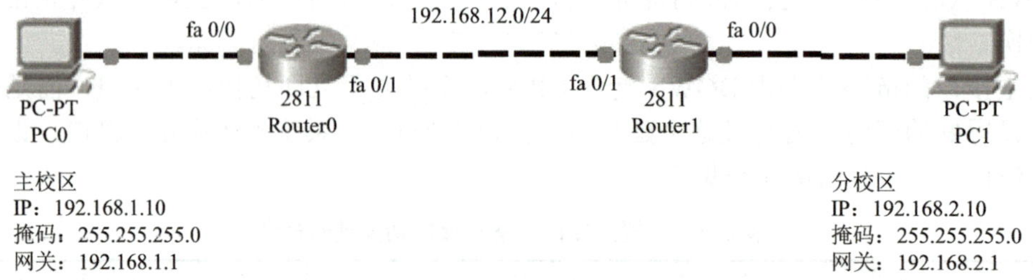

图 6-10　默认路由配置网络拓扑图

任务实施

1. PC 配置

主校区 PC0 的 IP 地址配置为 192.168.1.10，子网掩码为 255.255.255.0，网关为 192.168.1.1。分校区 PC1 的 IP 地址配置为 192.168.2.10，子网掩码为 255.255.255.0，网关为 192.168.2.1。

2. 路由器 Router0 的配置

第 1 步：进入全局配置模式。

```
Router0>enable
Router0#config terminal
Configuring from terminal, memory, or network [terminal]?
Enter configuration commands, one per line.   End with CNTL/Z.
```

第 2 步：为路由器各个端口分配 IP 地址。

```
Router0(config)#interface fastethernet 0/0
Router0(config-if)#ip address 192.168.1.1 255.255.255.0
Router0(config-if)#no shutdown
%LINK-5-CHANGED: Interface FastEthernet0/0, changed state to up
%LINEPROTO-5-UPDOWN: Line protocol on Interface FastEthernet0/0, changed state to up
Router0(config-if)#interface fastethernet 0/1
Router0(config-if)#ip address 192.168.12.1 255.255.255.0
Router0(config-if)#no shutdown
%LINK-5-CHANGED: Interface FastEthernet0/1, changed state to up
```

查看此时路由器的路由表，可以看到表里面只有直连路由。

```
Router0#show ip route
```

```
Codes: C - connected, S - static, I - IGRP, R - RIP, M - mobile, B - BGP
       D - EIGRP, EX - EIGRP external, O - OSPF, IA - OSPF inter area
       N1 - OSPF NSSA external type 1, N2 - OSPF NSSA external type 2
       E1 - OSPF external type 1, E2 - OSPF external type 2, E - EGP
       i - IS-IS, L1 - IS-IS level-1, L2 - IS-IS level-2, ia - IS-IS inter area
       * - candidate default, U - per-user static route, o - ODR
       P - periodic downloaded static route

Gateway of last resort is not set

C    192.168.1.0/24 is directly connected, FastEthernet0/0
C    192.168.12.0/24 is directly connected, FastEthernet0/1
Router0#
```

第 3 步：配置动态路由协议 OSPF。

启动路由协议 OSPF：

```
Router0(config)#Router OSPF 1
宣布与 Router0 相连的网络（192.168.1.0 和 192.168.12.0）：
Router0(config-router)#Network 192.168.1.0 0.0.0.255 AREA 0
Router0(config-router)#Network 192.168.12.0 0.0.0.255 AREA 0
Router0#End
```

配置动态路由协议 OSPF 时，先启动动态路由协议 OSPF，其中“1”为进程号，然后通过 Network 宣布有哪些网络与该路由相连，并且通过这些网络交换路由信息。AREA 0 设置该网段在区域 0。

第 4 步：检查路由表，此时可以看到路由表里只有直连路由，没有动态路由，因为另一个路由器还没有配置 OSPF 协议。动态路由协议必须在两个路由器都配置相同协议后，经过一段时间的学习，才能在路由表中看到动态路由信息。

```
Router0#show ip route
Codes: C - connected, S - static, I - IGRP, R - RIP, M - mobile, B - BGP
       D - EIGRP, EX - EIGRP external, O - OSPF, IA - OSPF inter area
       N1 - OSPF NSSA external type 1, N2 - OSPF NSSA external type 2
       E1 - OSPF external type 1, E2 - OSPF external type 2, E - EGP
       i - IS-IS, L1 - IS-IS level-1, L2 - IS-IS level-2, ia - IS-IS inter area
       * - candidate default, U - per-user static route, o - ODR
       P - periodic downloaded static route

Gateway of last resort is not set

C    192.168.1.0/24 is directly connected, FastEthernet0/0
C    192.168.12.0/24 is directly connected, FastEthernet0/1
Router0#
```

3. 路由器 Router1 的配置

第 1 步：进入全局配置模式。

```
Router1>enable
```

```
Router1#config terminal
Configuring from terminal, memory, or network [terminal]?
Enter configuration commands, one per line.   End with CNTL/Z.
```

第 2 步：为路由器各个端口分配 IP 地址。

```
Router1(config)#interface fastethernet 0/0
Router1(config-if)#ip address 192.168.2.1 255.255.255.0
Router1(config-if)#no shutdown
%LINK-5-CHANGED: Interface FastEthernet0/0, changed state to up
%LINEPROTO-5-UPDOWN: Line protocol on Interface FastEthernet0/0, changed state to up
Router1(config-if)#interface fastethernet 0/1
Router1(config-if)#ip address 192.168.12.2 255.255.255.0
Router1(config-if)#no shutdown
%LINK-5-CHANGED: Interface FastEthernet0/1, changed state to up
```

查看此时路由器的路由表，可以看到表里面只有直连路由。

```
Router0#show ip route
Codes: C - connected, S - static, I - IGRP, R - RIP, M - mobile, B - BGP
       D - EIGRP, EX - EIGRP external, O - OSPF, IA - OSPF inter area
       N1 - OSPF NSSA external type 1, N2 - OSPF NSSA external type 2
       E1 - OSPF external type 1, E2 - OSPF external type 2, E - EGP
       i - IS-IS, L1 - IS-IS level-1, L2 - IS-IS level-2, ia - IS-IS inter area
       * - candidate default, U - per-user static route, o - ODR
       P - periodic downloaded static route

Gateway of last resort is not set

C      192.168.2.0/24 is directly connected, FastEthernet0/0
C      192.168.12.0/24 is directly connected, FastEthernet0/1
Router1#
```

第 3 步：配置动态路由协议 OSPF。

```
Router1(config)#Router OSPF 1
Router1(config-Router)#Network 192.168.2.0 0.0.0.255 area 0
Router1(config-Router)#Network 192.168.12.0 0.0.0.255 area 0
Router1#End
```

第 4 步：检查路由表，此时可以看到路由表里既有直连路由，又有动态路由。

```
Router1#show ip route
Codes: C - connected, S - static, I - IGRP, R - RIP, M - mobile, B - BGP
       D - EIGRP, EX - EIGRP external, O - OSPF, IA - OSPF inter area
       N1 - OSPF NSSA external type 1, N2 - OSPF NSSA external type 2
       E1 - OSPF external type 1, E2 - OSPF external type 2, E - EGP
       i - IS-IS, L1 - IS-IS level-1, L2 - IS-IS level-2, ia - IS-IS inter area
       * - candidate default, U - per-user static route, o - ODR
       P - periodic downloaded static route
```

```
Gateway of last resort is not set

O      192.168.1.0/24 [120/1] via 192.168.12.1, 00:00:02, FastEthernet0/1
C      192.168.2.0/24 is directly connected, FastEthernet0/0
C      192.168.12.0/24 is directly connected, FastEthernet0/1
Router1#
```

4. 检查 PC0 与 PC1 的连通性

在 PC0 的“Desktop”选项卡中单击“Command Prompt”，输入 PING 192.168.2.1 进行测试，测试结果如图 6-11 所示，能够 PING 通。

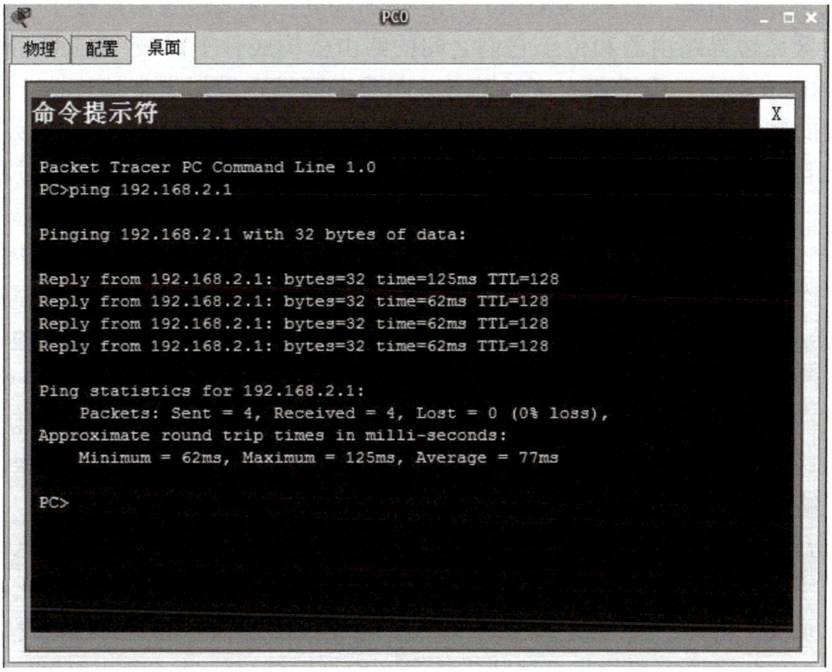

图 6-11　测试结果

相关知识

1. 动态路由协议 OSPF 简述

OSPF 是 Open Shortest Path First（开放最短路径优先协议）的缩写。它是 IETF 组织开发的一个基于 L-S（Link-State，链路状态）的自治系统内部路由协议。其特性如下：

1）适应范围广——支持各种规模的网络，最多可支持几百台路由器。

2）收敛快速——在网络的拓扑结构发生变化后立即发送更新报文，使这一变化在自治系统中同步。

3）无自环——OSPF 根据收集到的链路状态用最短路径树算法计算路由，从算法本身保证了不会生成自环路由。

4）区域划分管理——允许自治系统的网络被划分成区域来管理，区域间传送的路由信息被进一步抽象，从而减少了占用的网络带宽。

5）路由分级—— 使用 4 类不同等级的路由，按优先顺序来说分别是：区域内路由、区域间路由、第一类外部路由、第二类外部路由。

6）支持验证—— 支持基于接口的报文验证以保证路由计算的安全性。

7）可以多播发送—— 在有多播发送能力的链路层上以多播地址收发报文，既达到了广播的作用，又最大程度地减少了对其他网络设备的干扰。

从 OSPF 的观点看，整个网络由多个自治系统（AS）组成，它们之间通过收集和传递自治系统链路状态来动态地发现并传播路由达到自治系统的信息同步。每个自治系统又可划分为不同的区域（Area）。如果一个路由器端口被分配到多个区域内，这个路由器就被称为区域边界路由器（简称为 ABR），它是那些处在区域边缘的连接了多个区域的路由器。所有区域边界路由器和位于它们之间的路由器构成骨干区域（Backbone Area），该区域以 0.0.0.0 标志。由于所有区域都必须与骨干区域在逻辑上保持连接，因此特别引入了虚连接的概念，使那些物理上分割的区域仍可保持逻辑上的连通性。连接自治系统的路由器称为自治系统边界路由器（简称为 ASBR）。OSPF 协议路由的计算过程可简单描述如下。

1）每个支持 OSPF 协议的路由器都维护着一份描述整个自治系统拓扑结构的链路状态数据库（简称为 LSDB）。每台路由器根据自己周围的网络拓扑结构生成一条链路状态广播（简称为 LSA），通过相互之间发送协议报文将这条 LSA 发送给网络中的其他路由器。这样每台路由器都收到了其他路由器的 LSA，所有的 LSA 放在一起便组成了链路状态数据。

2）由于一条 LSA 是对一台路由器周围网络拓扑结构的描述，那么 LSDB 则是对整个网络的拓扑结构的描述。路由器很容易将 LSDB 转换成一张带权的有向图，这张图便是对整个网络拓扑结构的真实反映。

3）每台路由器都使用 SPF 算法计算出一棵以自己为根的最短路径树，这棵树给出了到自治系统中各节点的路由，外部路由信息为叶子节点，外部路由可由广播它的路由器进行标记以记录关于自治系统的额外信息。显然，各个路由器各自得到的路由表是不同的。

此外，为使每台路由器能将本地状态信息（如可用接口信息、可达邻居信息等）广播到整个自治系统中，在路由器之间要建立多个邻居关系，这使得任何一台路由器的路由变化都会导致多次传递，既没有必要，也浪费了宝贵的带宽资源。为解决这一问题，OSPF 协议定义了“指定路由器（DR）”，所有路由器都只将信息发送给 DR，由 DR 将网络链路状态广播出去，两台不是 DR 的路由器（称为 DR Other）之间将不再建立邻居关系，也不再交换任何路由信息，这样就减少了多址访问的网络上各路由器之间邻居关系的数量。

OSPF 协议支持 IP 子网和外部路由信息的标记接收。它支持基于接口的报文验证以保证路由计算的安全性，并使用 IP 多播方式发送和接收报文。

2. OSPF 路由协议配置

OSPF 路由协议配置需要在各路由器（包括内部路由器、区域边界路由器和自治系统边界路由器等）之间相互协作。在未做任何配置的情况下，路由器的各参数使用默认值，此时，发送和接收报文都无需进行验证，接口也不属于任何一个自治系统的分区。

要创建 OSPF 路由进程，在全局命令配置模式下，应执行表 6-5 所示的命令。

表 6-5 配置 OSPF 路由协议命令

命 令	作 用
Router(config)#router ospf process-id	创建 OSPF 路由进程
Router(config-router)# network network wildcard area area-id	定义接口所属区域

说明：Network 命令中 32 个“比特通配符”与掩码的取值相反，取“1”代表不比较该比特位，取“0”代表比较该比特位。只有接口地址与 Network 命令定义的 IP 地址相匹配，该接口才属于指定的区域。

例：按照如图 6-12 所示的网络，配置 OSPF 协议使网络连通。

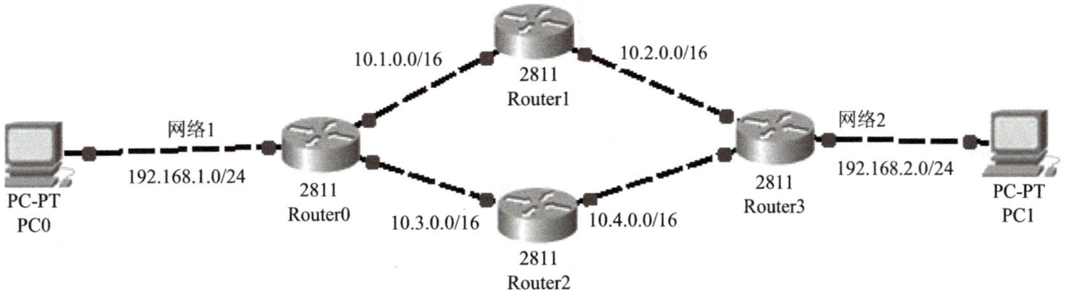

图 6-12 OSPF 配置图

路由器 Router0 配置：

```
Router0(config)# Router OSPF 1（启动进程 1）
Router0(config-router)# Network 192.168.1.0 0.0.0.255 area 0
Router0(config-router)# Network 10.1.0.0 0.0.255.255 area 0
Router0(config-router)# Network 10.3.0.0 0.0.255.255 area 0
```

路由器 Router1 配置：

```
Router1(config)# Router OSPF 2（启动进程 2）
Router1(config-router)# Network 10.0.0.o 0.255.255.255 area 0
```

路由器 Router2 配置：

```
Router2(config)# Router OSPF 3（启动进程 3）
Router2(config-router)# Network 10.0.0.o 0.255.255.255 area 0
```

路由器 Router3 配置：

```
Router3(config)# Router OSPF 4（启动进程 4）
Router3(config-router)# Network 192.168.1.0 0.0.0.255 area 0
Router3(config-router)# Network 10.2.0.0 0.0.255.255 area 0
Router3(config-router)# Network 10.4.0.0 0.0.255.255 area 0
```

小结

本章主要介绍了动态路由协议的基本工作原理和配置方法，其中 RIP 是应用较早、使用较普遍的内部网关协议，适用于小型同类网络，是典型的距离矢量协议。而 OSPF 是开放最短路径优先协议，用于在单一自治系统内决策路由，是链路状态路由协议。

实战强化

某公司搭建了如图 6-13 所示的网络，若采用静态路由协议配置会比较复杂且效率低下，因此要求你采用动态路由协议 OSPF 解决网络的路由问题。

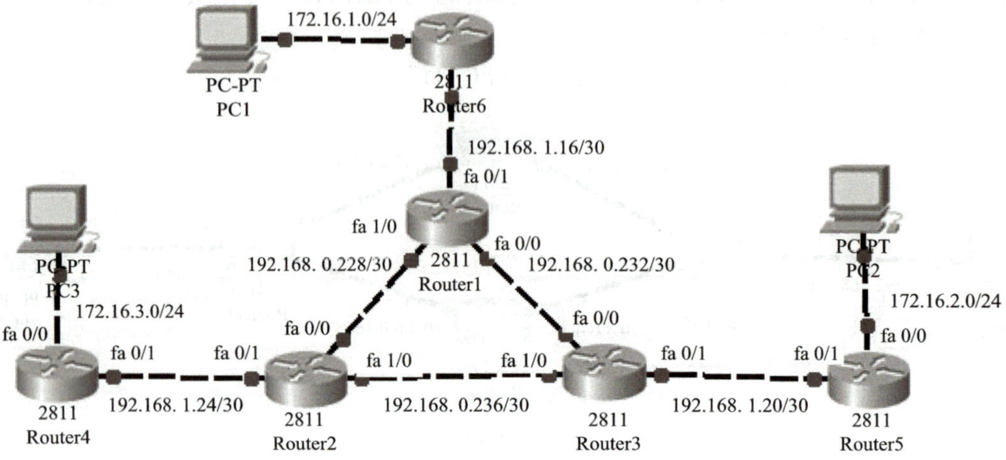

图 6-13　某公司网络拓扑图

项目 7 配置三层交换机路由

职业能力目标

1）掌握三层交换机 VLAN 间路由建立的方法。
2）掌握三层交换机与路由器间静态路由的配置方法。
3）掌握三层交换机与路由器间动态路由的配置方法。

任务 1 创建三层交换机 VLAN 间路由

任务情境

某公司有两个主要部门：技术部和销售部，它们分别处于不同的办公室。为了安全和便于管理，对两个部门的主机进行了 VLAN 划分，使它们分别处于不同的 VLAN。现在由于业务需要，要求销售部和技术部的主机通过三层交换机实现互访。

任务分析

对于这项任务，我们根据要求在交换机上建立两个 VLAN：VLAN 10 给技术部，VLAN 20 给销售部。为了实现两个部门主机的互访，在三层交换机上开启路由功能，并在 VLAN 10 配置 IP 地址为 192.168.10.10，在 VLAN 20 配置 IP 地址为 192.168.20.10。拓扑图如图 7-1 所示。

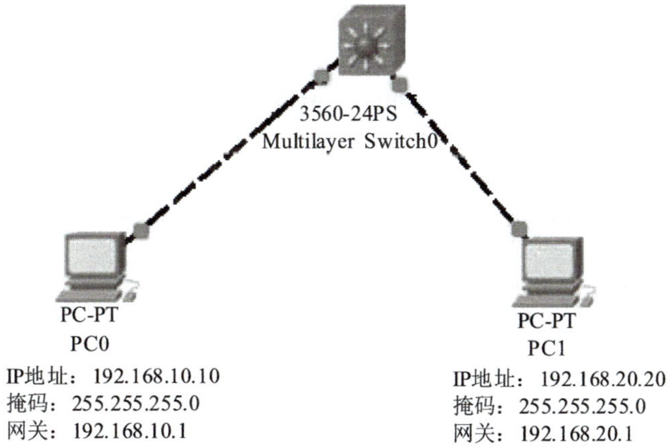

图 7-1 三层交换机 VLAN 间路由

任务实施

1. PC 机配置

技术部 PC0 的 IP 地址配置为 192.168.10.10，子网掩码为 255.255.255.0，网关为

192.168.10.1。销售部 PC1 的 IP 地址配置为 192.168.20.20，子网掩码为 255.255.255.0，网关为 192.168.20.1。

2. 三层交换机配置

第 1 步：进入全局配置模式。

```
Switch>enable
Switch#configure terminal
Enter configuration commands, one per line.  End with CNTL/Z.
Switch(config)#
```

第 2 步：开启三层交换机路由功能。

```
Switch(config)#ip routing
Switch(config)#
```

第 3 步：建立 VLAN 并分配端口。

```
Switch(config)#vlan 10
Switch(config-vlan)#exit
Switch(config)#vlan 20
Switch(config-vlan)#exit
Switch(config)#interface fastEthernet 0/1
Switch(config-if)#switchport mode access
Switch(config-if)#switchport access vlan 10
Switch(config-if)#exit
Switch(config)#interface fastEthernet 0/2
Switch(config-if)#switchport mode access
Switch(config-if)#switchport access vlan 20
Switch(config-if)#exit
Switch(config)#
```

第 4 步：配置三层交换机端口的路由功能。

```
Switch(config)#interface vlan 10
%LINK-5-CHANGED: Interface Vlan10, changed state to up
%LINEPROTO-5-UPDOWN: Line protocol on Interface Vlan10, changed state to up
Switch(config-if)#ip address 192.168.10.1 255.255.255.0
Switch(config-if)#no shutdown
Switch(config-if)#exit
Switch(config)#interface vlan 20
%LINK-5-CHANGED: Interface Vlan20, changed state to up
%LINEPROTO-5-UPDOWN: Line protocol on Interface Vlan20, changed state to up
Switch(config-if)#ip address 192.168.20.1 255.255.255.0
Switch(config-if)#no shutdown
Switch(config-if)#exit
Switch(config)#
```

第 5 步：查看三层交换机路由表。

```
Switch#show ip route
```

```
Codes: C - connected, S - static, I - IGRP, R - RIP, M - mobile, B - BGP
       D - EIGRP, EX - EIGRP external, O - OSPF, IA - OSPF inter area
       N1 - OSPF NSSA external type 1, N2 - OSPF NSSA external type 2
       E1 - OSPF external type 1, E2 - OSPF external type 2, E - EGP
       i - IS-IS, L1 - IS-IS level-1, L2 - IS-IS level-2, ia - IS-IS inter area
       * - candidate default, U - per-user static route, o - ODR
       P - periodic downloaded static route

Gateway of last resort is not set

C      192.168.10.0/24 is directly connected, Vlan10
C      192.168.20.0/24 is directly connected, Vlan20
Switch#
```

显然，路由表里有了两条直连路由，PC0 和 PC1 能够相互通信了，测试结果如图 7-2 所示。

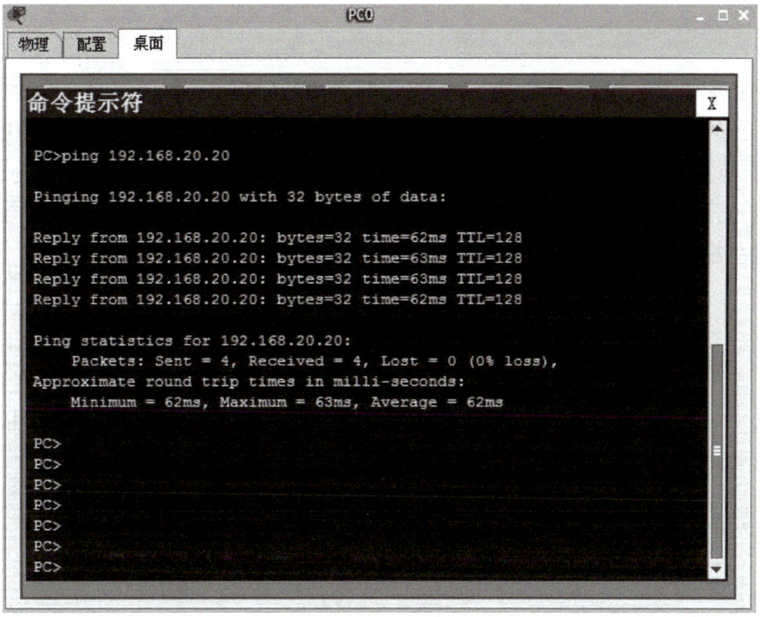

图 7-2　测试结果

相关知识

在三层交换机上可以用两种方式配置路由接口，一种是通过命令开启三层交换机接口的路由功能，然后在接口上配置 IP 地址；另一种是采用 SVI（交换虚拟口）的方式给 VLAN 配置 IP 地址。路由功能可以用 no ip routing 命令关闭，

利用三层交换机的路由功能可以实现 VLAN 间路由，方法有两种：一是每个 VLAN 都连接在三层交换机的一个接口上，开启此接口的三层功能，配置 IP 地址；二是在三层交换机上创建每个 VLAN 的 SVI 接口，并且给每个 VLAN 配置 IP 地址，然后三层交换机和

二层交换机之间通过 TRUNK 口连接。

三层交换机和路由器相连也有两种方式。一是开启三层交换机端口的路由功能，在端口上配置 IP 地址，通过三层端口连接路由器；二是通过 SVI 的方式连接路由器，即将端口加入某 VLAN，给此 VLAN 配置 IP 地址，将此端口和路由器相连。

任务 2　配置三层交换机与路由器间的静态路由

任务情境

某单位局域网由若干台交换机构成，现在该单位要将局域网接入互联网，单位在局域网出口使用一台路由器连接互联网。要求使用静态路由配置实现三层交换机通过 SVI 和路由器之间互通。

任务分析

针对工作任务，首先在三层交换机上划分两个 VLAN，一个（VLAN 10）与局域网主机 PC0 相连；另一个（VLAN 20）与路由器相连。在两个 VLAN 中分别设置 IP 地址，VLAN 10 中的 IP 地址与主机 PC0 在一个网段内；VLAN 20 中的 IP 地址与路由器接口的 IP 地址在一个网段内。在三层交换机和路由器内分别设置静态路由，这样，两台主机再做相应配置就可以互通了。网络结构拓扑图如图 7-3 所示。

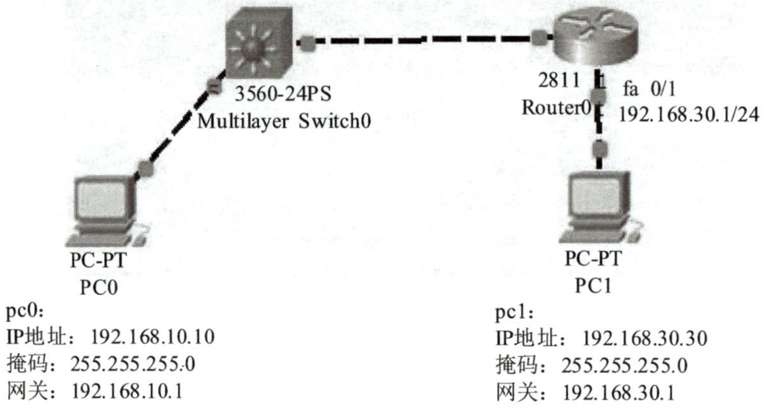

图 7-3　三层交换机与路由器静态路由网络拓扑图

任务实施

1．PC 机配置

PC0 的 IP 地址配置为 192.168.10.10，子网掩码为 255.255.255.0，网关为 192.168.10.1。PC1

的 IP 地址配置为 192.168.30.30，子网掩码为 255.255.255.0，网关为 192.168.30.1。

2. 三层交换机的配置

第 1 步：进入全局配置模式。

```
Switch>enable
Switch#config terminal
Enter configuration commands, one per line.  End with CNTL/Z.
Switch(config)#
```

第 2 步：开启三层交换机路由功能。

```
Switch(config)#ip routing
Switch(config)#
```

第 3 步：创建 VLAN 并分配端口。

```
Switch(config)#
Switch(config)#vlan 10
Switch(config-vlan)#exit
Switch(config)#vlan 20
Switch(config-vlan)#exit
Switch(config)#interface fastEthernet 0/1
Switch(config-if)#switchport mode access
Switch(config-if)#switchport access VLAN 10
Switch(config-if)#EXIT
Switch(config)#interface fastEthernet 0/2
Switch(config-if)#switchport mode access
Switch(config-if)#switchport access VLAN 20
Switch(config-if)#EXIT
```

第 4 步：配置三层交换机端口路由功能。

```
Switch(config)#interface vlan 10

%LINK-5-CHANGED: Interface Vlan10, changed state to up

%LINEPROTO-5-UPDOWN: Line protocol on Interface Vlan10, changed state to up
Switch(config-if)#ip address 192.168.10.1 255.255.255.0
Switch(config-if)#no shutdown
Switch(config-if)#exit
Switch(config)#interface vlan 20

%LINK-5-CHANGED: Interface Vlan20, changed state to up
Switch(config-if)#ip address 192.168.20.1 255.255.255.0
Switch(config-if)#no shutdown
Switch(config-if)#exit
Switch(config)#
```

3. 路由器配置

第 1 步：进入全局模式。

```
Router#configure terminal
Configuring from terminal, memory, or network [terminal]?
Enter configuration commands, one per line.    End with CNTL/Z.
Router(config)#
```

第 2 步：配置路由器 0/0 口 IP 地址。

```
Router(config)#interface fastEthernet 0/0
Router(config-if)#ip address 192.168.20.2 255.255.255.0
Router(config-if)#no shutdown

%LINK-5-CHANGED: Interface FastEthernet0/0, changed state to up

%LINEPROTO-5-UPDOWN: Line protocol on Interface FastEthernet0/0, changed state to up
Router(config-if)#exit
```

第 3 步：配置路由器 0/1 口 IP 地址。

```
Router(config)#interface fastEthernet 0/1
Router(config-if)#ip address 192.168.30.1 255.255.255.0
Router(config-if)#no shutdown
%LINK-5-CHANGED: Interface FastEthernet0/1, changed state to up
%LINEPROTO-5-UPDOWN: Line protocol on Interface FastEthernet0/1, changed state to up
Router(config-if)#exit
```

4. 配置路由器及三层交换机静态路由

```
Router(config)#ip route 192.168.10.0 255.255.255.0 192.168.20.1
Router(config)#
Switch(config)#ip route 192.168.30.0 255.255.255.0 192.168.20.2
```

5. 检查路由表

三层交换机路由信息：

```
Switch#show ip ro
Switch#show ip route
Codes: C - connected, S - static, I - IGRP, R - RIP, M - mobile, B - BGP
       D - EIGRP, EX - EIGRP external, O - OSPF, IA - OSPF inter area
       N1 - OSPF NSSA external type 1, N2 - OSPF NSSA external type 2
       E1 - OSPF external type 1, E2 - OSPF external type 2, E - EGP
       i - IS-IS, L1 - IS-IS level-1, L2 - IS-IS level-2, ia - IS-IS inter area
       * - candidate default, U - per-user static route, o - ODR
       P - periodic downloaded static route
Gateway of last resort is not set
C      192.168.10.0/24 is directly connected, Vlan10
C      192.168.20.0/24 is directly connected, Vlan20
S      192.168.30.0/24 [1/0] via 192.168.20.2
Switch#
```

路由器路由信息：

```
Router#show ip route
```

```
Codes: C - connected, S - static, I - IGRP, R - RIP, M - mobile, B - BGP
       D - EIGRP, EX - EIGRP external, O - OSPF, IA - OSPF inter area
       N1 - OSPF NSSA external type 1, N2 - OSPF NSSA external type 2
       E1 - OSPF external type 1, E2 - OSPF external type 2, E - EGP
       i - IS-IS, L1 - IS-IS level-1, L2 - IS-IS level-2, ia - IS-IS inter area
       * - candidate default, U - per-user static route, o - ODR
       P - periodic downloaded static route
Gateway of last resort is not set

S    192.168.10.0/24 [1/0] via 192.168.20.1
C    192.168.20.0/24 is directly connected, FastEthernet0/0
C    192.168.30.0/24 is directly connected, FastEthernet0/1
Router#
```

显然交换机和路由器的路由表里都有两个网络的路由信息，PC0 和 PC1 能够 PING 通，测试结果如图 7-4 所示。

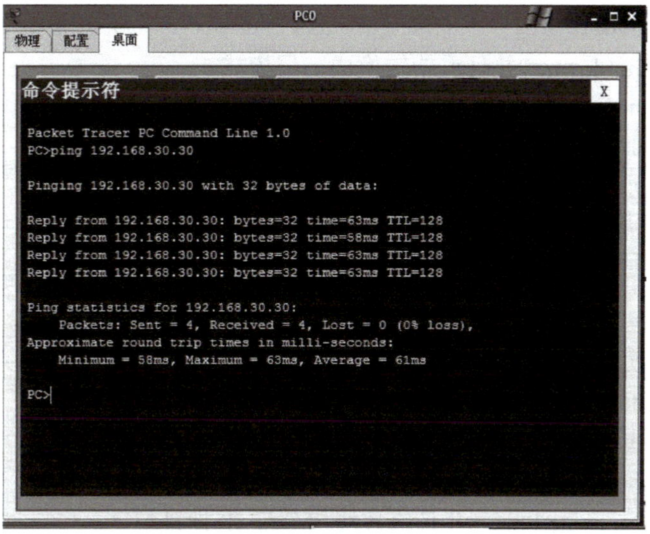

图 7-4　测试结果

相关知识

1．交换机三层接口

交换机三层接口类型分为 SVI（Switch Virtual interface）、Routed Port 及 L3 Aggregate Port。

1）SVI 是交换虚拟接口，用来实现三层交换的逻辑接口。SVI 可以做本机的管理接口，通过该管理接口，管理员可以管理设备。也可以创建 SVI 为网关接口，就相当于是对应各个 VLAN 的虚拟的子接口，可用于三层设备中跨 VLAN 间的路由。

2）Routed Port 是一个物理接口，就如同三层设备上的一个端口，能用一个三层路由协议配置，在三层设备上，可以把单个物理端口设置为 Routed Port，作为三层交换的网关接口。一个 Routed Port 与一个特定的 VLAN 没有关系，而是作为一个访问端口。Routed Port

不具备二层交换功能，可以通过 no switchport 命令将一个二层接口 Switch Port 转为 Routed Port，然后给 Routed Port 分配 IP 地址来建立路由。此时该接口关闭并重启，同时失去该端口的所有二层特性。

3）L3 Aggregate Port 是由多个物理成员端口汇聚构成的一个逻辑上的聚合端口组。汇聚的端口必须为同类三层接口，它相当于把聚合的多条链路视为一条逻辑链路，是扩展带宽的一个重要途径，同时能够使端口上的成员流量平衡，即成员内某条链路失效后，自动把该链路上的流量分配到成员内的其他链路上，提高了连接的可靠性。

2. 配置 SVI 端口

1）通过 interface vlan vlan-id 创建 SVI 或修改已存在的 SVI。

```
Switch(config)#interface vlan vlan-id
```

2）配置 IP 地址和掩码。

```
Switch(config-if)#ip address ip-address subnet_mask
```

3）打开端口。

```
Switch(config-if)#no shutdown
```

3. 配置交换机路由接口

1）将该接口 Shutdown，并且重新转换成三层模式。

```
Switch(config-if)#no switchport
```

2）配置 IP 地址和掩码。

```
Switch(config-if)#ip address ip-address subnet_mask
```

3）删除一个三层接口 IP。

```
Switch(config-if)#no ip address ip-address subnet_mask
```

4. 配置 L3 Aggregate Port

在接口模式下使用 no switchport 将某个 L2 Aggregate Port 转换为 L3 Aggregate Port。

1）将该接口 shutdown 并转换为三层模式。

2）配置 IP 地址和子网掩码。

```
Switch(config-if)#no ip address ip-address subnet_mask
```

例：创建 L3 Aggregate Port，并且给该接口分配 IP 地址。

```
Switch(config)#interface aggregateport2
Switch(config-if)#no switchport
Switch(config-if)#no ip address ip-address subnet_mask
Switch(config-if)#no shutdown
Switch(config-if)#end
```

任务 3　配置三层交换机与路由器间的动态路由

任务情境

某校园网由若干台交换机构成，现在学校需要将校园网接入互联网，学校出口使用一台路由器连接互联网。要求做动态路由 RIP 配置实现三层交换机通过 SVI 和路由器之间的互通。

任务分析

针对工作任务，首先在三层交换机上划分两个 VLAN，一个（VLAN 10）与局域网主机 PC0 相连；另一个（VLAN 20）与路由器相连。在两个 VLAN 中分别设置 IP 地址，VLAN 10 中的 IP 地址与主机 PC0 在一个网段内；VLAN 20 中的 IP 地址与路由器接口的 IP 地址在一个网段内。在三层交换机和路由器内分别设置动态路由 RIP，这样，两台主机再做相应配置就可以互通了。网络结构拓扑图如图 7-5 所示。

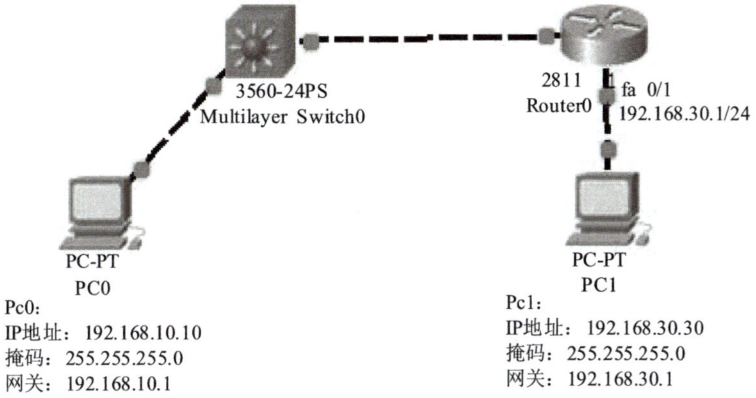

图 7-5　三层交换机与路由器动态路由网络拓扑图

任务实施

1. PC 机配置

PC0 的 IP 地址配置为 192.168.10.10，子网掩码为 255.255.255.0，网关为 192.168.10.1。PC1 的 IP 地址配置为 192.168.30.30，子网掩码为 255.255.255.0，网关为 192.168.30.1。

2. 三层交换机的配置

第 1 步：进入全局配置模式。

```
Switch>enable
Switch#config terminal
Enter configuration commands, one per line.   End with CNTL/Z.
Switch(config)#
```

第 2 步：开启三层交换机路由功能。

```
Switch(config)#ip routing
Switch(config)#
```

第 3 步：创建 VLAN 并分配端口。

```
Switch(config)#
Switch(config)#vlan 10
```

```
Switch(config-vlan)#exit
Switch(config)#vlan 20
Switch(config-vlan)#exit
Switch(config)#interface fastEthernet 0/1
Switch(config-if)#switchport mode access
Switch(config-if)#switchport access VLAN 10
Switch(config-if)#EXIT
Switch(config)#interface fastEthernet 0/2
Switch(config-if)#switchport mode access
Switch(config-if)#switchport access VLAN 20
Switch(config-if)#EXIT
```

第 4 步：配置三层交换机端口路由功能。

```
Switch(config)#interface vlan 10

%LINK-5-CHANGED: Interface Vlan10, changed state to up

%LINEPROTO-5-UPDOWN: Line protocol on Interface Vlan10, changed state to up
Switch(config-if)#ip address 192.168.10.1 255.255.255.0
Switch(config-if)#no shutdown
Switch(config-if)#exit
Switch(config)#interface vlan 20

%LINK-5-CHANGED: Interface Vlan20, changed state to up
Switch(config-if)#ip address 192.168.20.1 255.255.255.0
Switch(config-if)#no shutdown
Switch(config-if)#exit
Switch(config)#
```

3. 路由器配置

第 1 步：进入全局模式。

```
Router#configure terminal
Configuring from terminal, memory, or network [terminal]?
Enter configuration commands, one per line.    End with CNTL/Z.
Router(config)#
```

第 2 步：配置路由器 0/0 口 IP 地址。

```
Router(config)#interface fastEthernet 0/0
Router(config-if)#ip address 192.168.20.2 255.255.255.0
Router(config-if)#no shutdown

%LINK-5-CHANGED: Interface FastEthernet0/0, changed state to up

%LINEPROTO-5-UPDOWN: Line protocol on Interface FastEthernet0/0, changed state to up
```

```
Router(config-if)#exit
```

第 3 步：配置路由器 0/1 口 IP 地址。

```
Router(config)#interface fastEthernet 0/1
Router(config-if)#ip address 192.168.30.1 255.255.255.0
Router(config-if)#no shutdown

%LINK-5-CHANGED: Interface FastEthernet0/1, changed state to up

%LINEPROTO-5-UPDOWN: Line protocol on Interface FastEthernet0/1, changed state to up

Router(config-if)#exit
```

4．配置路由器及三层交换机动态路由 RIP

```
Router(config)#router rip
Router(config-router)#network 192.168.20.0
Router(config-router)#network 192.168.30.0
Router(config-router)#end
Router#

Switch(config)#router rip
Switch(config-router)#network   192.168.10.0
Switch(config-router)#network   192.168.20.0
Switch(config-router)#end
Switch#
```

5．检查路由表

三层交换机路由信息：

```
Switch#show ip ro
Switch#show ip route
Codes: C - connected, S - static, I - IGRP, R - RIP, M - mobile, B - BGP
       D - EIGRP, EX - EIGRP external, O - OSPF, IA - OSPF inter area
       N1 - OSPF NSSA external type 1, N2 - OSPF NSSA external type 2
       E1 - OSPF external type 1, E2 - OSPF external type 2, E - EGP
       i - IS-IS, L1 - IS-IS level-1, L2 - IS-IS level-2, ia - IS-IS inter area
       * - candidate default, U - per-user static route, o - ODR
       P - periodic downloaded static route

Gateway of last resort is not set

C    192.168.10.0/24 is directly connected, Vlan10
C    192.168.20.0/24 is directly connected, Vlan20
R    192.168.30.0/24 [1/0] via 192.168.20.2
Switch#
```

路由器路由信息：

```
Router#show ip route
Codes: C - connected, S - static, I - IGRP, R - RIP, M - mobile, B - BGP
       D - EIGRP, EX - EIGRP external, O - OSPF, IA - OSPF inter area
       N1 - OSPF NSSA external type 1, N2 - OSPF NSSA external type 2
       E1 - OSPF external type 1, E2 - OSPF external type 2, E - EGP
       i - IS-IS, L1 - IS-IS level-1, L2 - IS-IS level-2, ia - IS-IS inter area
       * - candidate default, U - per-user static route, o - ODR
       P - periodic downloaded static route

Gateway of last resort is not set

R    192.168.10.0/24 [1/0] via 192.168.20.1
C    192.168.20.0/24 is directly connected, FastEthernet0/0
C    192.168.30.0/24 is directly connected, FastEthernet0/1
Router#
```

交换机和路由器的路由表里都有两个网络的路由信息，PC0 和 PC1 能够 PING 通，测试结果如图 7-6 所示。

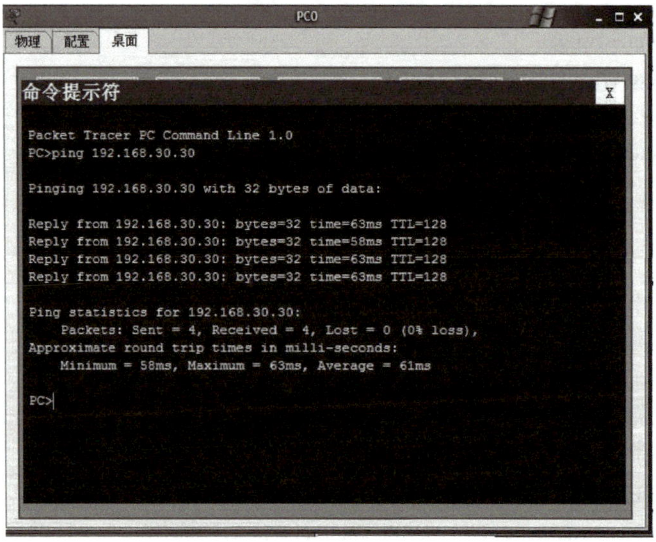

图 7-6　测试结果

小结

本章介绍了三层交换机的路由配置方法，三层交换机的路由功能默认是开启的，可以用命令关闭。在三层交换机上可以配置 RIP 和 OSPF 路由协议，配置方法与路由器的配置相似，但需要注意的是，在三层交换机上配置 RIPv2 时，没有关闭路由自动汇总的命令。

实战强化

实战 1：某单位局域网由若干台交换机构成，其网络拓扑图如图 7-7 所示。现在该单位要将局域网接入互联网，单位在局域网出口使用一台路由器连接互联网。要求使用静态路由配置实现三层交换机通过路由端口和路由器之间互通。

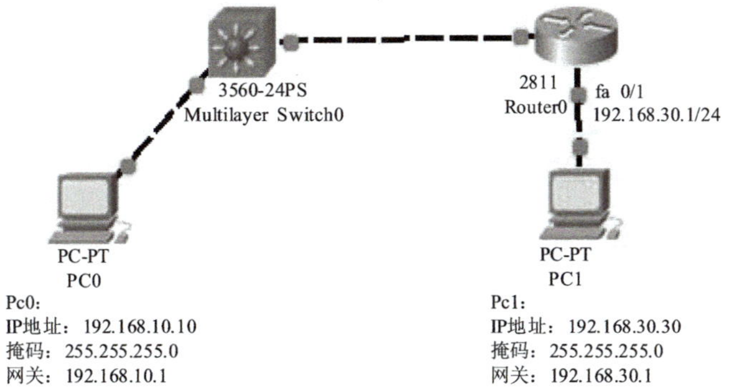

图 7-7　实战 1 网络拓扑图

实战 2：某单位局域网如图 7-8 所示，要求在二层交换机上划分 VLAN 配置 TRUNK，实现不同 VLAN 的主机接入，在三层交换机上划分 VLAN 配置 TRUNK，并配置 SVI 接口实现不同 VLAN 间路由。

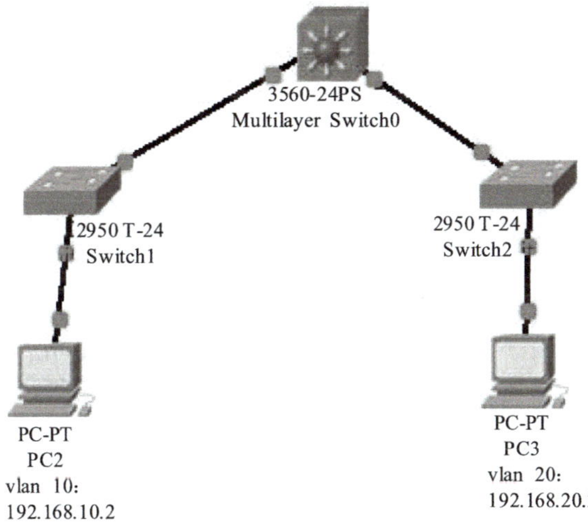

图 7-8　实战 2 某单位局域网

项目8　配置广域网协议

职业能力目标

1）掌握广域网协议的类型与工作原理。
2）学会 PPP 的配置方法。
3）学会 PAP、CHAP 的配置方法。

任务1　配置广域网 PPP

任务情境

某公司下属多个分公司，并且总公司与分公司分别设在不同城市，为了顺利开展公司业务，要求总公司与分公司之间的网络通过路由器相连，保持网络连通。现要求在路由器上做适当配置，实现公司网内部主机之间相互通信。

任务分析

对于这一工作任务，通过广域网端口 S0 连接总公司与分公司网络。分别对两台路由器的广域网端口 S0 封装 PPP、分配 IP 地址，并且配置静态路由，这样公司内的主机配置好 IP 地址和网关后就可以通信了。网络拓扑图如图 8-1 所示。

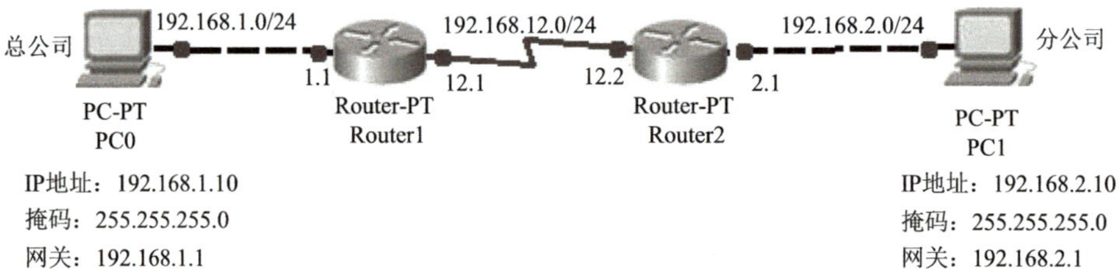

图 8-1　PPP 封装拓扑图

任务实施

1．PC 机配置

总公司主机 PC0 的 IP 地址配置为 192.168.1.10，子网掩码为 255.255.255.0，网关为

192.168.1.1。分公司主机 PC1 的 IP 地址配置为 192.168.2.10，子网掩码为 255.255.255.0，网关为 192.168.2.1。

2．路由器 1 配置

第 1 步：进入全局配置模式。

```
Router1>enable
Router1#configure terminal
Enter configuration commands, one per line.   End with CNTL/Z.
Router1 (config)#
```

第 2 步：为路由器端口配置 IP 地址及封装 PPP。

```
Router1(config)#interface fastEthernet 0/0
Router1(config-if)#ip address 192.168.1.1 255.255.255.0
Router1(config-if)#no shutdown

%LINK-5-CHANGED: Interface FastEthernet0/0, changed state to up

%LINEPROTO-5-UPDOWN: Line protocol on Interface FastEthernet0/0, changed state to up

Router1(config)#interface serial 2/0
Router1(config)#encapsulation ppp
Router1(config-if)#ip address 192.168.12.1 255.255.255.0
Router1(config-if)#no shutdown

%LINK-5-CHANGED: Interface FastEthernet0/0, changed state to up

%LINEPROTO-5-UPDOWN: Line protocol on Interface FastEthernet0/0, changed state to up
Router1(config-if)#
```

第 3 步：配置时钟频率。

```
Router1(config)#clock rate 64000
Router1(config)#no shutdown
Router1(config)#exit
Router1#
```

第 4 步：配置静态路由。

```
Router1(config)#ip route 192.168.2.0 255.255.255.0 192.168.12.2
```

3．路由器 2 配置

第 1 步：进入全局配置模式。

```
Router2>enable
Router2#configure terminal
Enter configuration commands, one per line.  End with CNTL/Z.
Router2 (config)#
```

第 2 步：为路由器端口配置 IP 地址及封装 PPP。

```
Router2(config)#interface fastEthernet 0/0
```

```
Router2(config-if)#ip address 192.168.2.1 255.255.255.0
Router2(config-if)#no shutdown

%LINK-5-CHANGED: Interface FastEthernet0/0, changed state to up

%LINEPROTO-5-UPDOWN: Line protocol on Interface FastEthernet0/0, changed state to up

Router2(config)#interface serial 2/0
Router2(config)#encapsulation ppp
Router2(config-if)#ip address 192.168.12.2 255.255.255.0
Router2(config-if)#no shutdown

%LINK-5-CHANGED: Interface FastEthernet0/0, changed state to up

%LINEPROTO-5-UPDOWN: Line protocol on Interface FastEthernet0/0, changed state to up
Router2(config-if)#
```

第 3 步：配置时钟频率。

```
Router2(config)#clock rate 64000
Router2(config)#no shutdown
Router2(config)#exit
Router2#
```

第 4 步：配置静态路由。

```
Router2(config)#ip route 192.168.1.0 255.255.255.0 192.168.12.1
```

第 5 步：查看三层交换机路由表。

```
Router1#show ip route
Codes: C - connected, S - static, I - IGRP, R - RIP, M - mobile, B - BGP
    D - EIGRP, EX - EIGRP external, O - OSPF, IA - OSPF inter area
    N1 - OSPF NSSA external type 1, N2 - OSPF NSSA external type 2
    E1 - OSPF external type 1, E2 - OSPF external type 2, E - EGP
    i - IS-IS, L1 - IS-IS level-1, L2 - IS-IS level-2, ia - IS-IS inter area
    * - candidate default, U - per-user static route, o - ODR
    P - periodic downloaded static route

Gateway of last resort is not set

C      192.168.1.0/24 is directly connected, FastEthernet0/0
S      192.168.2.0/24 [1/0] via 192.168.12.2
C      192.168.12.0/24 is directly connected, Serial2/0
Router1#
Router2#show ip route
Codes: C - connected, S - static, I - IGRP, R - RIP, M - mobile, B - BGP
    D - EIGRP, EX - EIGRP external, O - OSPF, IA - OSPF inter area
    N1 - OSPF NSSA external type 1, N2 - OSPF NSSA external type 2
```

```
        E1 - OSPF external type 1, E2 - OSPF external type 2, E - EGP
        i - IS-IS, L1 - IS-IS level-1, L2 - IS-IS level-2, ia - IS-IS inter area
        * - candidate default, U - per-user static route, o - ODR
        P - periodic downloaded static route

Gateway of last resort is not set

S      192.168.1.0/24 [1/0] via 192.168.12.1
C      192.168.2.0/24 is directly connected, FastEthernet0/0
C      192.168.12.0/24 is directly connected, Serial2/0
```

路由表里有了两个网络的静态路由，PC0 和 PC1 能够相互通信了，测试结果如图 8-2 所示。

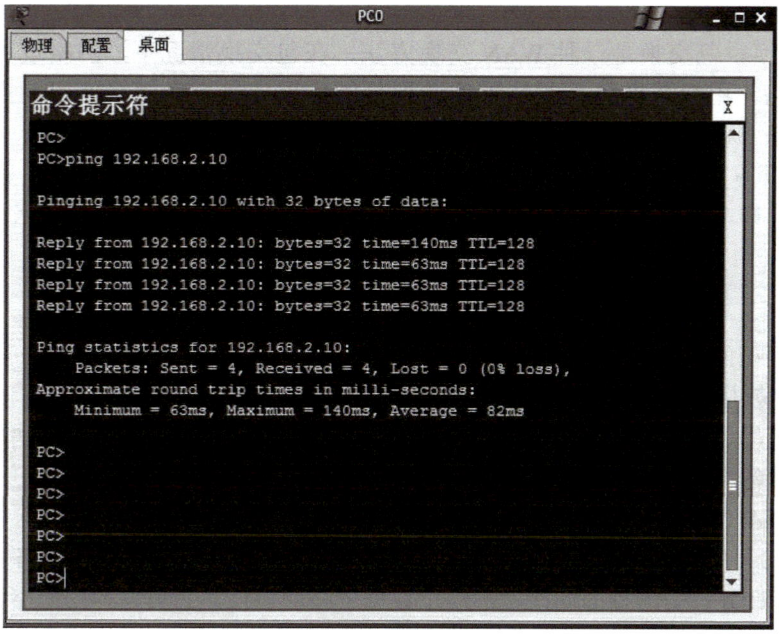

图 8-2　测试结果

相关知识

1. WAN 概述

广域网（WAN）不同于局域网（LAN），局域网只在一座建筑或其他很小的地理区域内连接工作站、外围设备、终端及其他设备，而广域网所建立的数据连接将跨越一个广阔的区域，总公司可以通过广域网来连接分布在不同城市的分公司，在遥远的办公室间传递信息。

广域网技术主要体现在 OSI 参考模型的物理层及数据链路层，有时也会涉及网络层。网络层协议描述了广域网连接的电气、机械的运行和功能，以及 DCE、DTE 之间的接口。

因为建立一个可连接远程位置的全球网络的开销可能是天文数字，所以一般来说，

WAN 服务都是向服务提供商租借的。

2. WAN 连接类型

WAN 常用的连接类型有以下 3 种。

1）租用线路。租用线路连接也称为点对点或专用连接，它为用户提供一条预先建立好的、连接所属服务提供商网络与远端网络的 WAN 通信路径。服务提供商保证这一连接只给租用它的用户使用。租用线路避免了共享连接带来的问题，但是费用高。典型情况下，租用线路使用同步串行连接可以达到 T3/E3 的速度，甚至具有 45Mbit/s 的有效带宽。

2）电路交换。电路交换是一种 WAN 交换方式，在这种方式下，发送者与接收者在呼叫期间必须存在一条专用的电路路径。提供基本电话服务和综合业务数字网（ISDN）业务时，服务提供商的网络使用电路交换。电路交换连接一般用在只需零星 WAN 服务的环境中。

3）包交换。包交换是一种 WAN 交换方法，在包交换情况下，网络设备共享一条点对点连接线路，用户数据包从源位置传送到目的位置。包交换网络使用能提供端到端连通的虚拟电路（VC），物理连接由被编成的交换设备提供。包头一般标志了目的地。包交换提供的服务与租用线路提供的服务类似，只不过它的线路是共享的，价格也便宜。与租用线路一样，包交换常常通过串行连接提供服务，它的速度范围是 56Kbit/s 到 T3/E3 标准速度。

3. WAN 第二层的封装

在 OSI 模型的层间移动时，串行设备必须用第二层的帧格式封装数据。不同的服务可以使用不同的帧格式。

要确保使用正确的协议，就必须配置适当的第二层封装类型。协议的选取取决于 WAN 技术和通信设备。

典型的 WAN 封装类型包括以下几种。

1）HDLC（高级数据链路控制协议）。HDLC 是点对点专用链路和电路交换链接的默认封装类型。HDLC 是一种面向比特的同步数据链路层协议，它典型地用于路由器设备之间的通信。

2）PPP（点对点协议）。PPP 通过同步和异步电路提供路由器到路由器和主机到网络的连接。PPP 被设计成几个网络层协议，它还有内置的安全机制，比如 PAP（密码验证协议）、CHAP（竞争握手验证协议）。

3）SLIP（串行线路网际协议）。SLIP 是使用 TCP/IP 的点对点串行连接的标准协议。SLIP 在很多方面已经被 PPP 替代。

4）LAPB（X.25/ 平衡链路访问过程）。LAPB 是一个 ITU—T 标准，它定义了怎样连接维护公用数据网络上远程终端访问和计算机通信的 DTE 和 DEC。

5）帧中继。帧中继是一个交换式数据链路层协议的工业标准，它处理多个虚电路。帧中继是 X.25 的下一代，它经过改进消除 X.25 中的一些消耗时间的处理，如纠错和流控制。

6）ATM（异步传输控制）。ATM 是单元转发的国际标准，它需要把各种服务类型的数据转成定长的小单元。定长的小单元允许用硬件进行处理，也就减少了传输延时。

任务 2　配置广域网 PAP

任务情境

你是公司的网络管理员，公司为了满足不断增长的业务需求，申请了专线接入，你的客户端路由器与 ISP 进行链路协商时要验证身份，配置路由器保证链路建立，并考虑其安全性。

任务分析

针对这一工作任务，通过广域网端口 S0 连接公司与 ISP 网络。为方便实训，用两台路由器分别模拟 IPS 及公司的路由器，分别对两台路由器的端口 S0 封装 PPP、PAP 验证、分配 IP 地址、配置静态路由，这样，公司内的主机配置好 IP 地址及网关就可以访问 ISP 了。网络结构拓扑图如图 8-3 所示。

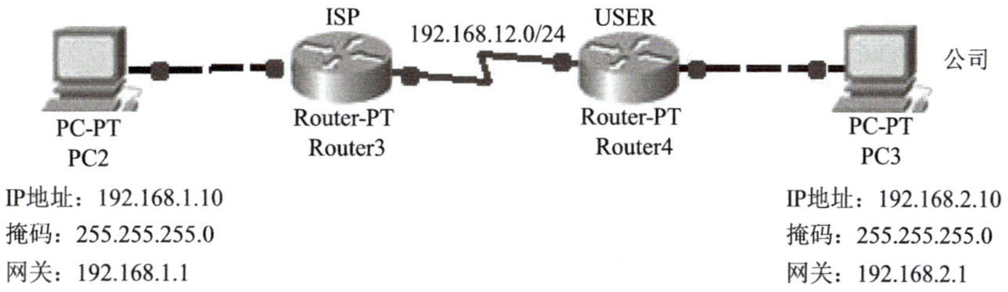

图 8-3　PAP 验证配置网络拓扑图

任务实施

1. PC 机配置

PC2 的 IP 地址配置为 192.168.1.10，子网掩码为 255.255.255.0，网关为 192.168.1.1。PC3 的 IP 地址配置为 192.168.2.10，子网掩码为 255.255.255.0，网关为 192.168.2.1。

2. 路由器 Router3 的配置

第 1 步：进入全局配置模式。

```
Router3>enable
Router3#config terminal
Enter configuration commands, one per line.  End with CNTL/Z.
Router3 (config)#
```

第 2 步：为各个接口封装 PPP 和 IP 地址。

```
Router3 (config)#interface fastethernet 0/0
Router3 (config-if)#ip address 192.168.1.1 255.255.255.0
Router3 (config-if)#no shutdown
```

```
Router3 (config-if)#exit
```

第 3 步：为 S2/0 端口封装 PPP 和 IP 地址。

```
Router3 (config)#interface serial 2/0
Router3 (config-if)#encapsulation ppp
Router3 (config-if)#ip address 192.168.12.1 255.255.255.0
Router3 (config-if)#clock rate 64000
Router3 (config-if)#no shutdown
Router3 (config-if)#exit
```

第 4 步：配置 PAP 验证的用户端用户名“User”及密码“100”，启动 PAP 认证。

```
Router3 (config)#username user password 0 100
Router3 (config)#interface serial 2/0
Router3 (config-if)#ppp authentication PAP
Router3 (config-if)#exit
Router3 (config)#
```

第 5 步：配置静态路由。

```
Router3 (config)#ip route 192.168.2.0 255.255.255.0 192.168.12.2
Router3 (config)#end
Router3 #
```

3．路由器 Router4 的配置

第 1 步：进入全局配置模式。

```
Router4>enable
Router4#config terminal
Enter configuration commands, one per line.   End with CNTL/Z.
Router4 (config)#
```

第 2 步：为各个接口封装 PPP 和 IP 地址。

```
Router4 (config)#interface fastethernet 0/0
Router4 (config-if)#ip address 192.168.2.1 255.255.255.0
Router4 (config-if)#no shutdown
Router4 (config-if)#exit
```

第 3 步：为 S2/0 端口封装 PPP 和 IP 地址。

```
Router4 (config)#interface serial 2/0
Router4 (config-if)#encapsulation ppp
Router4 (config-if)#ip address 192.168.12.2 255.255.255.0
Router4 (config-if)#no shutdown
Router4 (config-if)#exit
```

第 4 步：配置 PAP 验证的用户名“User”及密码“100”。

```
Router4 (config-if)#ppp PAP sent-username user password 100
Router4 (config-if)#exit
Router4 (config)#
```

第 5 步：配置静态路由。

```
Router4 (config)#ip route 192.168.1.0 255.255.255.0 192.168.12.1
Router4 (config)#end
Router4 #
```

第 6 步：检查路由表。

```
Router4 #show ip route
Router4#show ip route
Codes: C - connected, S - static, I - IGRP, R - RIP, M - mobile, B - BGP
    D - EIGRP, EX - EIGRP external, O - OSPF, IA - OSPF inter area
    N1 - OSPF NSSA external type 1, N2 - OSPF NSSA external type 2
    E1 - OSPF external type 1, E2 - OSPF external type 2, E - EGP
    i - IS-IS, L1 - IS-IS level-1, L2 - IS-IS level-2, ia - IS-IS inter area
    * - candidate default, U - per-user static route, o - ODR
    P - periodic downloaded static route

Gateway of last resort is not set

C      192.168.1.0/24 is directly connected, FastEthernet0/0
S      192.168.2.0/24 [1/0] via 192.168.12.2
C      192.168.12.0/24 is directly connected, Serial2/0
Router41#
Router3#show ip route
Codes: C - connected, S - static, I - IGRP, R - RIP, M - mobile, B - BGP
    D - EIGRP, EX - EIGRP external, O - OSPF, IA - OSPF inter area
    N1 - OSPF NSSA external type 1, N2 - OSPF NSSA external type 2
    E1 - OSPF external type 1, E2 - OSPF external type 2, E - EGP
    i - IS-IS, L1 - IS-IS level-1, L2 - IS-IS level-2, ia - IS-IS inter area
    * - candidate default, U - per-user static route, o - ODR
    P - periodic downloaded static route

Gateway of last resort is not set

S      192.168.1.0/24 [1/0] via 192.168.12.1
C      192.168.2.0/24 is directly connected, FastEthernet0/0
C      192.168.12.0/24 is directly connected, Serial2/0

Router3 #
```

可以看到路由器的路由表中既有直连路由，也包含静态路由，主机之间可以 PING 通，测试结果如图 8-4 所示。

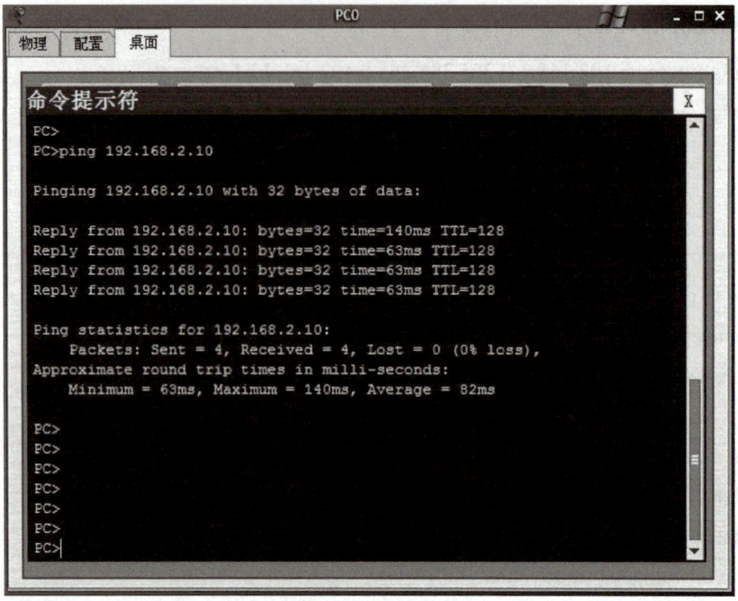

图 8-4　测试结果

相关知识

PPP 具有 PAP 和 CHAP 两种验证协议，PAP 认证只在链路建立初期进行，只有两次信息的交换，因此被称为两次握手。PAP 验证的弱点是用户名和密码明文发送，安全性不高，优点是认证只在链路建立初期进行，节省了带宽。配置 PAP 需要在验证方和被验证方同时配置用户名和密码，且必须相同。

1. PAP 验证过程

先是被验证方发送用户名和口令到验证方，验证方对用户名和口令进行认证，根据结果返回接受或拒绝认证请求信息，从而建立或拒绝建立连接。此过程被称为两次握手。

2. PAP 的配置

PAP 配置需要先在广域网口下启用 PPP，默认的广域网封装方式是 HDLC，然后在验证方和被验证方配置用户名和密码。注意被验证方是在端口模式下配置，而验证方是在全局模式下配置。

（1）配置 PPP PAP 被验证方

```
Router (config-if)#PPP PAP sent-username username password password
Router (config-if)#no PPP PAP sent-username（取消 PPP 的 PAP 验证）
```

（2）配置 PPP PAP 验证方

```
Router (config-if)# PPP authentication pap（设定 PPP 的 PAP 验证方）
Router (config)# username username password password（创建用户数据记录）
```

任务 3　配置广域网 CHAP

任务情境

你是公司的网络管理员，公司为了满足不断增长的业务需求，申请了专线接入，你的客户端路由器与 ISP 进行链路协商时要验证身份，配置路由器保证链路建立，并考虑其安全性。

任务分析

针对这一任务，通过广域网端口 S0 连接公司与 ISP 网络。为方便实训，用两台路由器分别模拟 IPS 及公司的路由器，分别对两台路由器的端口 S0 封装 PPP、PAP 验证、分配 IP 地址、配置静态路由，这样，公司内的主机配置好 IP 地址及网关就可以访问 ISP 了。网络结构拓扑图如图 8-5 所示。

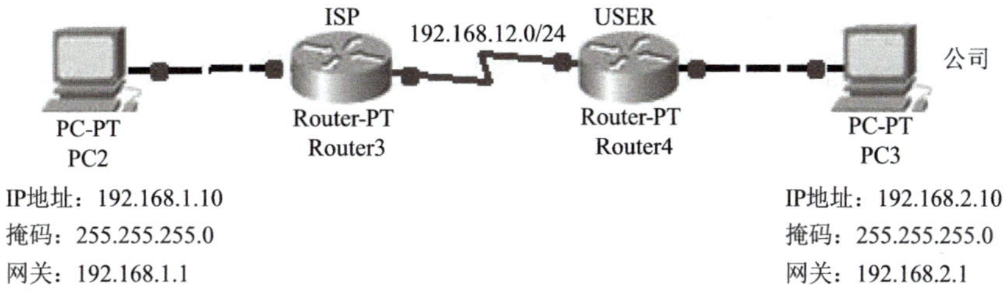

图 8-5　CHAP 验证配置网络拓扑图

任务实施

1. PC 机配置

PC2 的 IP 地址配置为 192.168.1.10，子网掩码为 255.255.255.0，网关为 192.168.1.1。PC3 的 IP 地址配置为 192.168.2.10，子网掩码为 255.255.255.0，网关为 192.168.2.1。

2. 路由器 Router3 的配置

第 1 步：进入全局配置模式。

```
Router3>enable
Router3#config terminal
Enter configuration commands, one per line.   End with CNTL/Z.
Router3 (config)#
```

第 2 步：为各个接口封装 PPP 和 IP 地址。

```
Router3 (config)#interface fastethernet 0/0
Router3 (config-if)#ip address 192.168.1.1 255.255.255.0
Router3 (config-if)#no shutdown
Router3 (config-if)#exit
```

第 3 步：为 S2/0 端口封装 PPP 和 IP 地址。

```
Router3 (config)#interface serial 2/0
Router3 (config-if)#encapsulation ppp
Router3 (config-if)#ip address 192.168.12.1 255.255.255.0
Router3 (config-if)#clock rate 64000
Router3 (config-if)#no shutdown
Router3 (config-if)#exit
```

第 4 步：配置 CHAP 验证的用户端用户名“User”及密码“100”，启动 CHAP 认证。

```
Router3 (config)#username user password 0 100
Router3 (config)#interface serial 2/0
Router3 (config-if)#ppp authentication CHAP
Router3 (config-if)#exit
Router3 (config)#
```

第 5 步：配置静态路由。

```
Router3 (config)#ip route 192.168.2.0 255.255.255.0 192.168.12.2
Router3 (config)#end
Router3 #
```

3. 路由器 Router4 的配置

第 1 步：进入全局配置模式。

```
Router4>enable
Router4#config terminal
Enter configuration commands, one per line.   End with CNTL/Z.
Router4 (config)#
```

第 2 步：为各个接口封装 PPP 和 IP 地址。

```
Router4 (config)#interface fastethernet 0/0
Router4 (config-if)#ip address 192.168.2.1 255.255.255.0
Router4 (config-if)#no shutdown
Router4 (config-if)#exit
```

第 3 步：为 S2/0 端口封装 PPP 和 IP 地址。

```
Router4 (config)#interface serial 2/0
Router4 (config-if)#encapsulation ppp
Router4 (config-if)#ip address 192.168.12.2 255.255.255.0
Router4 (config-if)#no shutdown
Router4 (config-if)#exit
```

第 4 步：配置 CHAP 验证的验证方用户名“User”及密码“100”。

```
Router4 (config-if)#ppp PAP sent-username user password 100
Router4 (config-if)#exit
```

```
Router4 (config)#
```

第 5 步：配置静态路由。

```
Router4 (config)#ip route 192.168.1.0 255.255.255.0 192.168.12.1
Router4 (config)#end
Router4 #
```

第 6 步：检查路由表。

```
Router4 #show ip route
Codes: C - connected, S - static, I - IGRP, R - RIP, M - mobile, B - BGP
    D - EIGRP, EX - EIGRP external, O - OSPF, IA - OSPF inter area
    N1 - OSPF NSSA external type 1, N2 - OSPF NSSA external type 2
    E1 - OSPF external type 1, E2 - OSPF external type 2, E - EGP
    i - IS-IS, L1 - IS-IS level-1, L2 - IS-IS level-2, ia - IS-IS inter area
    * - candidate default, U - per-user static route, o - ODR
    P - periodic downloaded static route

Gateway of last resort is not set

C      192.168.1.0/24 is directly connected, FastEthernet0/0
S      192.168.2.0/24 [1/0] via 192.168.12.2
C      192.168.12.0/24 is directly connected, Serial2/0
Router4#
Router3#show ip route
Codes: C - connected, S - static, I - IGRP, R - RIP, M - mobile, B - BGP
    D - EIGRP, EX - EIGRP external, O - OSPF, IA - OSPF inter area
    N1 - OSPF NSSA external type 1, N2 - OSPF NSSA external type 2
    E1 - OSPF external type 1, E2 - OSPF external type 2, E - EGP
    i - IS-IS, L1 - IS-IS level-1, L2 - IS-IS level-2, ia - IS-IS inter area
    * - candidate default, U - per-user static route, o - ODR
    P - periodic downloaded static route

Gateway of last resort is not set

S      192.168.1.0/24 [1/0] via 192.168.12.1
C      192.168.2.0/24 is directly connected, FastEthernet0/0
C      192.168.12.0/24 is directly connected, Serial2/0

Router3 #
```

可以看到路由器的路由表中既有直连路由，也包含静态路由，主机之间可以 PING 通，测试结果如图 8-6 所示。

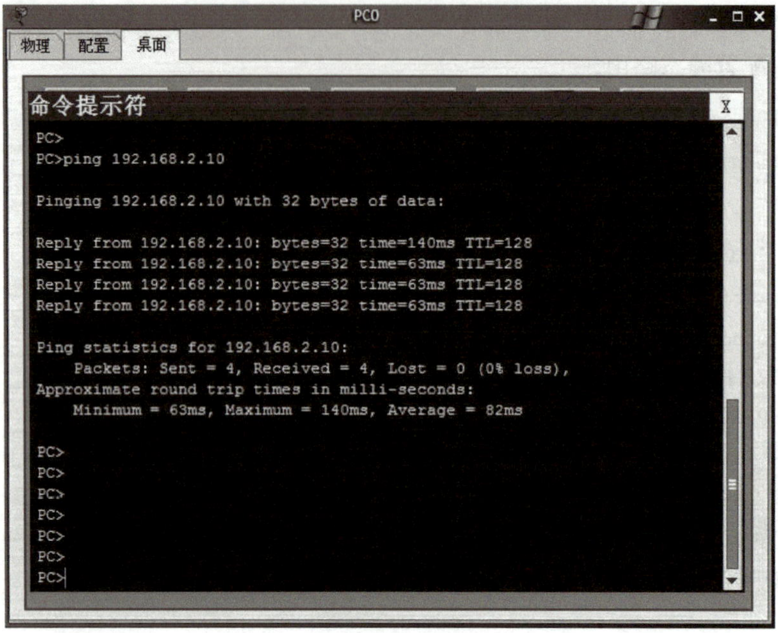

图 8-6　测试结果

相关知识

CHAP 验证比 PAP 验证更安全，不只是在建立链路初期时需要验证，在链路建立后期也需要验证，而且，CHAP 的验证过程也更为复杂，密码以密文方式发送。配置 CHAP 需要在验证方和被验证方同时配置用户名和密码，并且，用户名为对方路由器名称。

1. CHAP 验证过程

1）先是被验证方向验证方发送用户名作为连接请求，之后，验证方向被验证方发送随机字符串。

2）被验证方将此随机字符串和自己的密码用 MD5 算法加密，将密文发送到验证方。

3）验证方将自己发出的随机字符串和被验证方的密码同样用 MD5 算法加密，将得出的密码和收到的密码进行比较，根据结果判断是接受或是拒绝连接请求。此过程被称为 CHAP 认证的三次握手。

2. CHAP 配置

1）配置 PPP CHAP 被验证方。CHAP 认证一般有验证方和被验证方，CHAP 的协商由验证方发起，被验证方只发送 PPP 认证用的用户名和密码。默认情况下，被验证方发送自己的主机名作为 PPP 用户名。

要配置 PPP CHAP 的被验证方，在接口配置模式中使用如下命令：

```
Router(config-if)#ppp chap hostname hostname（指定验证的主机名）
Router(config-if)#ppp chap password {0|7} password（指定验证的密码）
```

如果知道验证方 PPP CHAP 所用的主机名，也可以执行如下命令：

```
Router(config-if)#ppp chap hostname hostname（指定验证的主机名）
Router(config-if)#username username password password（为验证方主机名创建用户数据库记录）
```

说明：密码的设定有明文输入和密文输入两种，用“0”是非密文输入，用“1～7”是密文输入，默认是明文输入方式。

2）配置 PPP CHAP 验证方。PPP CHAP 验证方将主动发起验证，由于需要验证对方路由器发送的用户名和密码的有效性，验证方还需要创建和维护一个本地用户数据库。要配置 PPP CHAP 的验证方，在接口模式下执行如下命令：

```
Router(config-if)#ppp authentication chap（启动 PPP 验证，并指定 PPP CHAP 验证）
Router(config-if)#no ppp authentication chap（取消 PPP CHAP 验证）
Router(config-if)#username username  password {0|7} password（创建用户数据库记录）
```

作为验证方，在用户数据库中需要设置好各个用户名相应的密码，而用户名即是对方路由器的 PPP 主机名。

小结

本章主要介绍了广域网 PPP、PAP 和 CHAP，其中 PPP 是用于同步或异步串行线路的协议，支持专线与拨号连接。PAP 是两种 PPP 认证协议中最简单的一种，由于它以明文方式在连接中传送用户名和密码，所以不安全。CHAP 使用 3 次握手过程来执行认证，所以它比 PAP 更安全。

实战强化

某单位网络拓扑图如图 8-7 所示。要求配置 PPP，分别用 PAP、CHAP 进行认证，使得 PC0 和 PC1 之间互通。

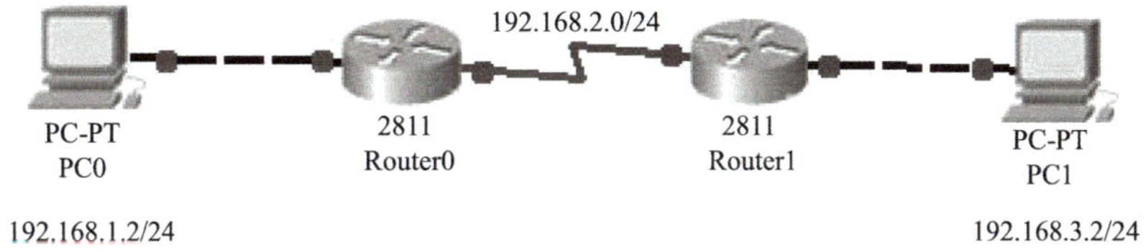

图 8-7　某单位网络拓扑图

项目9　配置交换机的端口安全

职业能力目标

1）掌握交换机端口的安全作用。
2）掌握交换机端口的IP地址绑定方法。
3）掌握交换机端口的MAC地址绑定方法。

任务1　配置交换机的端口安全（1）

任务情境

你是某公司的网络管理员，公司要求对网络进行严格控制。为了防止公司内部用户的网络攻击和破坏行为，为每个员工分配了固定的IP地址，并且只允许公司内部员工主机可以使用网络，不得随意连接其他主机。

任务分析

对于这一任务，公司网络接入交换机的所有端口配置最大连接数为“1”，并对公司内部每台主机连接的交换机端口进行MAC地址绑定。模拟网络拓扑图如图9-1所示。

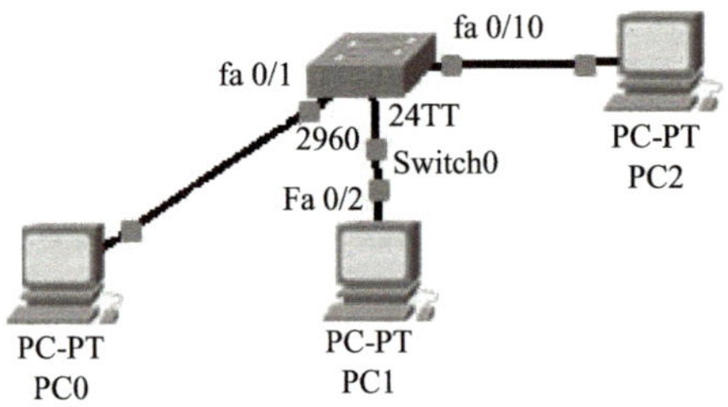

图9-1　交换机端口网络拓扑图

任务实施

1. PC 配置

PC0 的 IP 地址配置为 192.168.1.10，子网掩码为 255.255.255.0，网关为 192.168.1.1；PC1 的 IP 地址配置为 192.168.1.20，子网掩码为 255.255.255.0，网关为 192.168.1.1；PC2 的 IP 地址配置为 192.168.1.30，子网掩码为 255.255.255.0，网关为 192.168.1.1。

2. 交换机配置

第 1 步：进入全局配置模式。

```
Switch>enable
Switch #configure terminal
Enter configuration commands, one per line.  End with CNTL/Z.
Switch (config)#
```

第 2 步：配置交换机端口的最大连接数限制。

```
Switch (config)#interface range fastEthernet 0/1-23
Switch (config-if-range)#switchport port-security
Switch (config-if-range)#switchport port-security maximum 1
Switch (config-if-range)#switchport port-security violation shutdown
Switch (config-if-range)#end
```

查看交换机端口安全配置：

```
    Switch#show port-security
Secure Port MaxSecureAddr CurrentAddr SecurityViolation Security Action
                (Count)          (Count)          (Count)
--------------------------------------------------------------------
         Fa0/1          1            0                  0         Shutdown
         Fa0/2          1            0                  0         Shutdown
         Fa0/3          1            0                  0         Shutdown
         Fa0/4          1            0                  0         Shutdown
         Fa0/5          1            0                  0         Shutdown
         Fa0/6          1            0                  0         Shutdown
         Fa0/7          1            0                  0         Shutdown
         Fa0/8          1            0                  0         Shutdown
         Fa0/9          1            0                  0         Shutdown
        Fa0/10          1            0                  0         Shutdown
        Fa0/11          1            0                  0         Shutdown
        Fa0/12          1            0                  0         Shutdown
        Fa0/13          1            0                  0         Shutdown
        Fa0/14          1            0                  0         Shutdown
        Fa0/15          1            0                  0         Shutdown
        Fa0/16          1            0                  0         Shutdown
        Fa0/17          1            0                  0         Shutdown
```

```
        Fa0/18          1          0              0         Shutdown
        Fa0/19          1          0              0         Shutdown
        Fa0/20          1          0              0         Shutdown
        Fa0/21          1          0              0         Shutdown
        Fa0/22          1          0              0         Shutdown
        Fa0/23          1          0              0         Shutdown
---------------------------------------------------------------------
    Switch#
```

第 3 步：配置交换机端口地址的绑定。

```
Switch>enable
Switch #configure terminal
Enter configuration commands, one per line.  End with CNTL/Z.
Switch (config)#
Switch (config)#interface fastEthernet 0/1
Switch (config-if)#switchport port-security
Switch (config-if)#switchport port-security mac-address 0001.6477.091c
Switch (config-if)#exit
Switch(config)#
Switch (config)#interface fastEthernet 0/2
Switch (config-if)#switchport port-security
Switch (config-if)#switchport port-security mac-address 0001.c9d3.3ced
Switch (config-if)#exit
Switch(config)#
Switch (config)#interface fastEthernet 0/10
Switch (config-if)#switchport port-security
Switch (config-if)#switchport port-security mac-address 00d0.5897.8a97
Switch (config-if)#exit
Switch(config)#
```

查看地址安全绑定：

```
Switch#show port-security address
                Secure Mac Address Table
------------------------------------------------------------------------
Vlan Mac Address     Type              Ports        Remaining Age
                                                (mins)
----  -----------  ----             -----      -------------
10    0001.6477.091C      SecureConfigured     FastEthernet0/1          -
10    0001.C9D3.3CED      SecureConfigured     FastEthernet0/2          -
10    00D0.5897.8A97      SecureConfigured     FastEthernet0/10         -
------------------------------------------------------------------------
Total Addresses in System (excluding one mac per port)        : 0
Max Addresses limit in System (excluding one mac per port)  : 1024
Switch#
```

第 4 步：验证交换机端口安全功能效果。

在 PC0 连接交换机 Fa 0/1 口、PC1 连接交换机 Fa 0/2 口、PC2 连接交换机 Fa 0/10 口的情况下，PC0、PC1、PC2 都能够互相 PING 通，测试结果如图 9-2 所示。

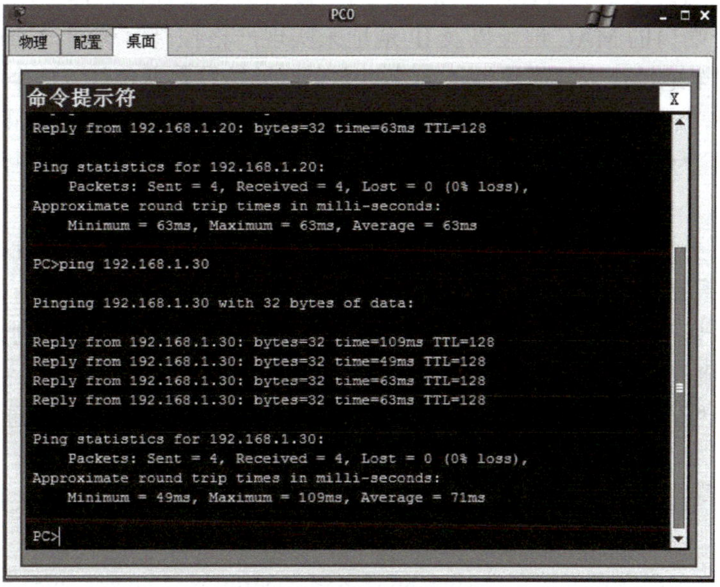

图 9-2　测试结果（一）

将 PC0、PC1、PC2 任何一个连接的交换机接口互换，PC0、PC1、PC2 都不能够 PING 通，测试结果如图 9-3 所示。可见，由于交换机 Fa 0/1、0/2、0/10 端口做了地址绑定，该端口不能再连接其他 PC 使用，起到了安全的作用。

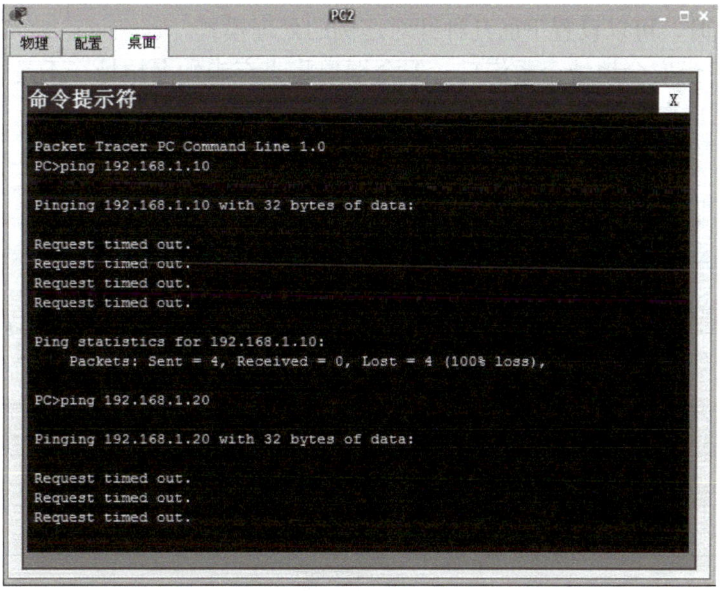

图 9-3　测试结果（二）

相关知识

1. 端口安全概述

利用交换机端口安全的特性，可以实现网络接入的安全性，具体可以通过限制允许访问交换机上某个端口的 MAC 地址以及 IP 地址来实现严格控制对该端口的输入。当你为安全端口配置了安全地址后，除了源地址为这些安全地址转发数据包外，这个端口将不转发其他任何包。此外，还可以限制一个端口上能包含的安全地址的最大数目。如果将最大数目设置为“1”，并且为该端口配置一个安全地址，则连接到这个端口的工作站将独享该端口的全部带宽。

为了增强安全性，可以将 MAC 地址和 IP 地址绑定起来作为安全地址，也可以只制定 MAC 地址而不绑定 IP 地址。

如果一个端口被配置为一个安全端口，当其安全地址的数目已经达到允许的最大个数后，且该端口收到一个源地址不属于端口上的安全地址的数据包时，将会产生一个安全违例。这时可以选择多种方式来处理违例，比如丢弃接收到的数据包，发送违例通知或关闭相应端口等。

当设置了安全端口上安全地址的最大个数后，可以使用下面几种方式加满端口上的安全地址。

1）使用接口配置模式下的命令 switchport port-security mac-address mac-address[ip-address ip-address] 来手工配置端口的所有安全地址。

2）让该端口自动学习地址，这些自动学习到的地址将变成该端口上的安全地址，直到达到最大个数。需要注意的是，自动学习的安全地址均不会绑定 IP 地址。如果在一个端口上，已经设置了绑定 IP 地址的安全地址，则将不能再通过自动学习来增加安全地址。也可以手工配置一部分安全地址，其余的则让交换机自动学习。

当违例产生时，可以设置下面几种针对违例的处理模式。

1）protect：当安全地址个数满后，安全端口将丢弃未知名地址（不是该端口的安全地址中的任何一个）的数据包。

2）restrict：当违例产生时，将发送一个 Trap 通知。

3）shutdown：当违例产生时，将关闭端口并发送一个 Trap 通知。

2. 端口安全配置

1）默认配置值。交换机端口安全的具体内容有 4 项，它的默认配置见表 9-1。

表 9-1　交换机端口安全默认配置

内　容	默认设置
端口安全开关	所有端口均关闭端口安全功能
最大安全地址个数	128
安全地址	无
违例处理方式	保护（protect）

2）端口安全限制。交换机配置端口安全时有如下一些限制。

①一个安全端口不能是一个 aggregate port。

②一个安全端口只能是一个 access port。

一个千兆位端口上最多支持 120 个同时申明 IP 地址和 MAC 地址的安全地址。另外，由于这种同时声明 IP 地址和 MAC 地址的安全地址占用的硬件资源与 ACLs 等系统硬件资源共享，因此，当在某一个端口上应用了 ACLs 时，则该端口上所能设置的申明 IP 地址的安全地址个数将会相应减少。

建议一个安全端口上的安全地址的格式保持一致，即一个端口上的安全地址要么全是绑定了 IP 地址的安全地址，要么都是不绑定 IP 地址的安全地址。如果一个安全端口同时包含这两种格式的安全地址，则不绑定 IP 地址的安全地址将失效（绑定 IP 地址的安全地址优先级更高），这时如果你想使端口上不绑定 IP 地址的安全地址生效，则必须删除端口上所有绑定 IP 地址的安全地址。

3）配置方法。从特权模式开始，你可以通过表 9-2 所示的步骤来配置一个安全端口和违例处理方式。

表 9-2　配置安全端口及违例处理方式

步　骤	命　令	含　义
第 1 步	Configure terminal	进入全局配置模式
第 2 步	Interface interface-id	进入接口配置模式
第 3 步	Switchport mode access	设置接口为 Access 模式
第 4 步	Switchport port-security	打开端口安全功能
第 5 步	Switchport port-security maximumvalue	设置端口上安全地址的最大个数，范围 1 ～ 128，默认 128
第 6 步	Switchport port-security violation{protect|restrict|shutdown}	设置违例处理方式 Protect：保护端口，当安全地址个数满后，安全端口将丢弃未知名地址（不是该端口的安全地址中的任何一个）的数据包。 restrict：当违例产生时，将发送一个 Trap 通知。 shutdown：当违例产生时，将关闭端口并发送一个 Trap 通知。当端口因为违例而被关闭后，你可以在全局配置模式下使用命令 errdisable recovery 来将接口从错误状态中恢复过来
第 7 步	End	回到特权模式
第 8 步	Show port-security interface[interface-id]	验证配置
第 9 步	Copy running-config startup-config	保存配置

在交换机端口配置模式下，可以使用命令 no switchport port-security 来关闭一个接口的端口安全功能。使用命令 no switchport port-security maximum 来恢复为默认个数。使用命令 no switchport port-security violation 来将违例处理设置为默认模式。

【例 9-1】在交换机端口 fastethernet 0/3 上配置端口安全功能，设置最大地址个数为 8，违例处理方式为 protect。

```
Switch#configure terminal
Enter configuration commands,one per line.End with CNTL/Z.
Switch(config)#interface fastethernet 0/3
Switch(config-if)#switchport mode access
Switch(config-if)#switchport port-security
Switch(config-if)#switchport port-security maximum 8
```

```
Switch(config-if)#switchport port-security violation protect
Switch(config-if)#end
```

4）IP 地址及 MAC 地址绑定。从特权模式开始，你可以通过表 9-3 所示步骤来手工配置一个安全端口上的安全地址。

表 9-3　配置安全端口上的安全地址

步　骤	命　令	含　义
第 1 步	Configure terminal	进入全局配置模式
第 2 步	Interface interface-id	进入接口配置模式
第 3 步	Switchport port-security mac-address mac-address[ip-address ip-address]	手工配置接口安全地址
第 4 步	end	回到特权模式
第 5 步	Show port-security address	验证配置
第 6 步	Copy running-config startup-config	保存配置

在交换机端口配置模式下，可以使用命令 no switchport port-security mac-address mac-address 来删除该端口安全地址。

5）安全地址的老化时间。可以为一个端口上所有安全地址配置老化时间。具体步骤见表 9-4。

表 9-4　配置安全地址的老化时间

步　骤	命　令	含　义
第 1 步	Configure terminal	进入全局配置模式
第 2 步	Interface interface-id	进入接口配置模式
第 3 步	Switchport port-security aging{static|time time}	Static：表示老化时间将同时应用于手工配置的安全地址和学习的地址，否则只应用于自动学习的地址 Time：表示这个端口上安全地址的老化时间，范围是 0～1440min。如果设置为 0，则相当于老化功能被关闭。老化时间按照绝对的方式计时，也就是一个地址成为一个端口的安全地址后，经过 Time 指定的时间后，这个地址就将被自动删除。Time 默认值为 0
第 4 步	end	回到特权模式
第 5 步	Show port-security interface [interface-id]	验证配置
第 6 步	Copy running-config startup-config	保存配置

可以在交换机端口配置模式下使用命令 no switchport port-security aging time 来关闭一个端口的安全地址老化功能（老化时间为 0），使用命令 no switchport port-security aging static 来使老化时间仅应用于动态学习到的安全地址。

【例 9-2】在交换机端口 fastethernet 0/3 配置端口安全的老化时间，老化时间为 8min，老化时间应用于静态配置的安全地址。

```
Switch#configure terminal
Enter configuration commands,one per line.End with CNTL/Z.
Switch(config)#interface fastethernet 0/3
Switch(config-if)#switchport port-security aging time 8
Switch(config-if)#switchport port-security static
Switch(config-if)#end
```

6）查看交换机端口安全信息。在特权模式开始时，可以通过表 9-5 所示命令来查看端口安全信息。

表 9-5　查看端口安全信息

步　骤	命　令	含　义
第 1 步	Show port-security interface [interface-id]	查看端口的安全配置信息
第 2 步	Show port-security address	查看安全地址信息
第 3 步	Show port-security [interface-id] address	显示某个接口上的安全地址信息
第 4 步	Show port-security	显示所有安全端口的统计信息，包括最大安全地址数，当前安全地址数及违例处理方式等

知识拓展

1. 交换机风暴控制

1）概述。当交换机 VLAN 中存在过量的广播、多播或未知的单播包时，就会导致网络变慢和报文传输超时的几率大大增加。这种情况称为 LAN 风暴。协议栈的执行错误或对网络的错误配置都有可能导致风暴的产生。

可以分别针对广播、多播和未知名单播数据流进行风暴控制。当接口接收到的广播、多播或未知名单播数据包的速率超过所设定的阀值时，设备将只允许提高所设定的阀值带宽的报文，超出阀值部分的报文将被丢弃，直到数据流恢复正常，从而避免过量的泛洪报文进入 VLAN 中形成风暴。

2）配置风暴控制。默认情况下，针对广播、多播和未知名单播的风暴控制功能均被关闭。当按一定的百分比为一个端口限定带宽后，所有端口都必须按这个百分比带宽设置，否则设置失败。

在接口配置模式下，使用如下命令配置风暴控制。

```
Switch(config-if)#storm-control {broadcast|multicast|unicast} {level percent|pps packets|rate-bps}
```

其中：

broadcast 为打开对广播风暴的控制功能。

multicast 为打开对未知名多播风暴的控制功能。

unicast 为打开对未知名单播风暴的控制功能。

percent 为带宽的百分比。

packets 为 PPS 单位。

rate-bps 为允许通过的速率。

在接口配置模式下，用 no storm-control broadcast、no storm-control multicast、no storm-control unicast 来关闭相应接口的风暴控制功能。

【例 9-3】打开 GigabitEthernet 0/1 端口上的风暴控制功能，设置允许速率为 4Mbit/s。

```
Switch#configure terminal
Enter configuration commands,one per line.End with CNTL/Z.
Switch(config)#interface GigabitEthernet 0/1
Switch(config-if)# storm-control broadcast 4096
Switch(config-if)#end
```

3）查看风暴控制状态，使用如下命令。

```
Switch#show storm-control[interface-id]
```

2. 交换机端口保护（Protected Port）

1）概述。在某些应用环境下，要求一台设备上的有些端口之间不能通信。在这种环境下，这些端口之间不论是广播帧、多播帧或单播帧，都只有通过三层设备才能通信。可以通过将某些端口设置为保护端口（Protected Port），这样，保护口之间无法通信，保护端口和非保护端口之间可以正常通信。

2）配置保护端口。配置保护端口使用如下命令。

```
Switch(config-if)#switchport protected
```

通过 no switchport protected 命令将一个端口重新设置为非保护端口。

【例 9-4】 把 GigabitEthernet 0/2 端口上设置为保护端口。

```
Switch#configure terminal
Enter configuration commands,one per line.End with CNTL/Z.
Switch(config-if)# interface GigabitEthernet 0/2
Switch(config-if)# switchport protected
Switch(config-if)#end
```

3）显示保护端口使用如下命令。

```
Switch(config-if)#show interface switchport
```

任务 2　配置交换机的端口安全（2）

任务情境

你是一个公司的网络管理员，公司要求对网络进行严格控制。为了防止公司内部用户的 IP 地址冲突，防止公司内部的网络攻击和破坏行为。为每一位员工分配了固定的 IP 地址，并且只允许公司员工主机可以使用网络，不得随意连接其他主机。例如，某员工分配的 IP 地址是 172.16.1.23/24，主机 MAC 地址是 0090.210E.55A0。

任务分析

交换机端口安全功能，是指针对交换机的端口进行安全属性的配置，从而控制用户的安全接入。交换机端口安全主要有两种类型：一是限制交换机端口的最大连接数；二是针对交换机端口进行 MAC 地址、IP 地址的绑定。配置交换机的端口安全功能后，当实际应用超出配置的要求，将产生一个安全违例，产生安全违例的处理方式有以下 3 种。

1）protect：当安全地址个数满后，安全端口将丢弃未知地址的包。

2）restrict：当违例产生时，将发送一个 Trap 通知。

3）shutdown：当违例产生时，将关闭端口并发送一个 Trap 通知。

当端口因为违例而被关闭后，在全局配置模式下使用命令 errdisable recovery 来将接口从错误状态中恢复过来。网络拓扑图如图 9-4 所示。

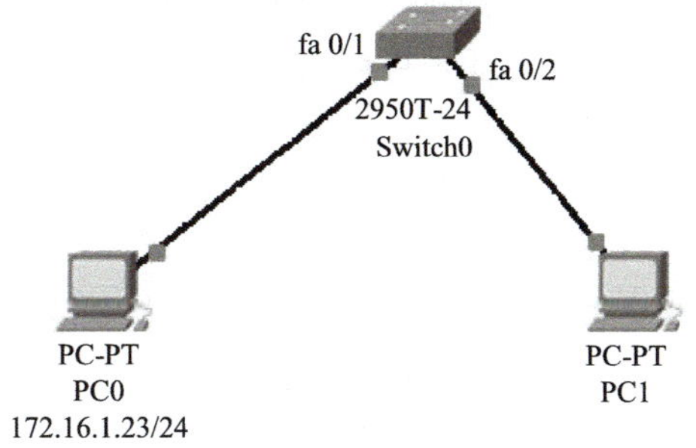

图 9-4　端口安全配置拓扑图

任务实施

第 1 步：配置交换机端口的最大连接数限制。

```
Switch#configure terminal
Switch(config)#interface range fastethernet 0/1-23 ！ 打开交换机 1-23 端口
Switch(config-if-range)# switchport mode access
Switch(config-if-range)#switchport port-security ！ 开启 1-23 安全端口功能
Switch(config-if-range)#switchport port-security maximum 1 ！ 开启端口的最大连接数为 1
```

第 2 步：配置安全违例的处理方式。

```
Switch(config-if-range)#switchport port-security violation shutdown ！　shutdown
```

第 3 步：验证测试，查看交换机的端口安全配置。

```
Switch#show port-security
```

第 4 步：配置交换机端口的地址绑定。

在 PC1 上打开 CMD 命令提示符窗口，执行 Ipcinfig/All 命令，查看测试计算机 PC1 的 IP 和 MAC 地址信息，即 MAC 地址 0090.210E.55A0。

```
Switch#configure terminal
Switch(config)#interface fastethernet 0/3
Switch(config-if)#switchport port-security
Switch(config-if)#switchport port-security mac-address 0090.210E.55A0 Ip-address 172.16.1.23 ！ 配置地址绑定
```

第 5 步：查看地址绑定配置。

```
Switch#show port-security address
```

注意：假设 PC2 的 IP 地址为 172.16.1.24/24，现在 PC1 可以正常 PING 通 PC2；如果现在换成另外一台 PC3 接入交换机的 Fa0/1 端口，不仅 PING 不通 PC2，还会发现 Fa0/1 因为违例被 Shutdown 了。想再次开启 Fa0/1 端口，no shutdown 是不管用的，需要使用 errdisable recovery 命令进行恢复。

小结

本章主要介绍了交换机端口安全的配置方法，在交换机端口上实施安全措施，可以实现在端口上指定一组允许的有效 MAC 地址、在任意时刻只允许一个 MAC 地址访问端口、指定端口在检测到未经授权的 MAC 地址时将自动关闭。

实战强化

对图 9-5 中的交换机 SW0 进行端口绑定，要求：

1）限制交换机端口的最大连接数，最大连接数的取值是 1。

2）交换机端口进行 MAC 地址绑定。

3）交换机端口进行 IP 地址绑定（要在三层设备上配置）。

4）产生安全违例的处理方式为 protect。

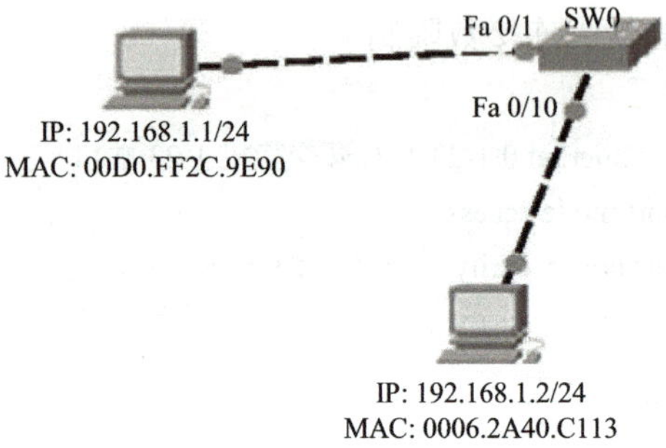

图 9-5　网络拓扑图

项目 10　控制网络的数据流量

职业能力目标

1）掌握 IP 标准及扩展访问控制列表的功能及用途。
2）学会 IP 标准访问控制列表的配置方法。
3）学会 IP 扩展访问控制列表的配置方法。

任务 1　创建编号 IP 标准访问控制列表

任务情境

你是公司的网络管理员，公司的财务处、计划处和办公室分属不同的 3 个网段，3 个部门之间通过路由器进行信息传递。为了安全，公司领导要求你对网络的数据流量进行控制，实现公司的计划处主机可以访问财务处主机，办公室主机不能访问财务处主机。

任务分析

对于这一任务，首先对两个路由器进行基本配置，实现 3 个网段可以互相访问，然后对距离目的地址较近的路由器 Router4 配置 IP 标准访问控制列表，允许计划处主机发出的数据包通过，不允许办公室的主机发出的数据包通过，最后将这一策略加到路由器 Router4 的 Fa 0 端口，拓扑图如图 10-1 所示。

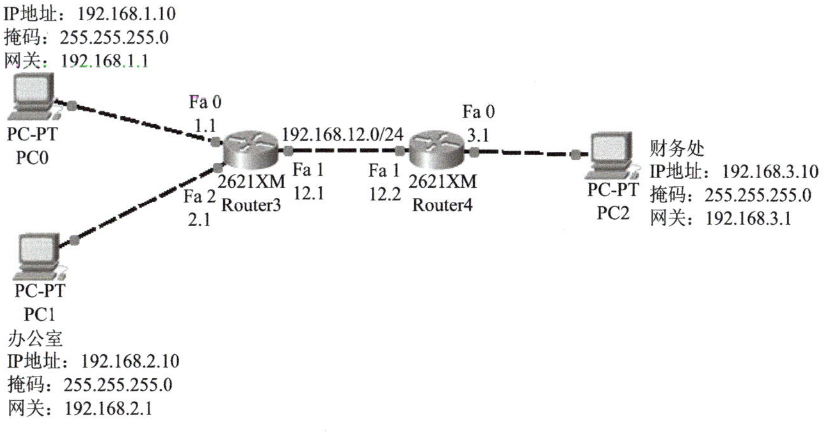

图 10-1　路由器 IP 标准访问控制列表拓扑图

任务实施

1. PC配置

财务处PC2的IP地址配置为192.168.3.10，子网掩码为255.255.255.0，网关为192.168.3.1；办公室PC1的IP地址配置为192.168.2.10，子网掩码为255.255.255.0，网关为192.168.2.1；计划处PC0的IP地址配置为192.168.1.10，子网掩码为255.255.255.0，网关为192.168.1.1。

2. 路由器Router3配置

第1步：进入全局配置模式。

```
Router3>enable
Router3#configure terminal
Enter configuration commands, one per line.   End with CNTL/Z.
Router3 (config)#
```

第2步：为路由器端口配置IP地址。

```
Router3(config)#interface fastEthernet 0/0
Router3(config-if)#ip address 192.168.1.1 255.255.255.0
Router3(config-if)#no shutdown

%LINK-5-CHANGED: Interface FastEthernet0/0, changed state to up

%LINEPROTO-5-UPDOWN: Line protocol on Interface FastEthernet0/0, changed state to up

Router3(config-if)#exit
Router3(config)#
Router(config)#interface fastEthernet 1/0
Router(config-if)#ip address 192.168.2.1 255.255.255.0
Router(config-if)#no sh
Router(config-if)#no shutdown

%LINK-5-CHANGED: Interface FastEthernet1/0, changed state to up

%LINEPROTO-5-UPDOWN: Line protocol on Interface FastEthernet1/0, changed state to up

Router3(config-if)#exit
Router3(config)#
Router3(config)#interface fastEthernet 0/1
Router3(config-if)#ip address 192.168.12.1 255.255.255.0
Router3(config-if)#no shut

%LINK-5-CHANGED: Interface FastEthernet0/1, changed state to up
```

```
Router3(config-if)#exit
Router(config)#
```

第 3 步：配置静态路由。

```
Router(config)#ip route 192.168.3.0 255.255.255.0 192.168.12.2
Router(config)#
```

3. 路由器 Router4 配置

第 1 步：进入全局配置模式。

```
Router4>enable
Router4#configure terminal
Enter configuration commands, one per line.    End with CNTL/Z.
Router4 (config)#
```

第 2 步：为路由器端口配置 IP 地址。

```
Router4(config)#interface fastEthernet 0/0
Router4(config-if)#ip add
Router4(config-if)#ip address 192.168.3.1 255.255.255.0
Router4(config-if)#no shutdown

%LINK-5-CHANGED: Interface FastEthernet0/0, changed state to up

%LINEPROTO-5-UPDOWN: Line protocol on Interface FastEthernet0/0, changed state to up

Router4(config-if)#exit
Router4(config)#interface fastEthernet 0/1
Router4(config-if)#ip address 192.168.12.2 255.255.255.0
Router4(config-if)#no shutdown

%LINK-5-CHANGED: Interface FastEthernet0/1, changed state to up

%LINEPROTO-5-UPDOWN: Line protocol on Interface FastEthernet0/1, changed state to up

Router4(config-if)#exit
```

第 3 步：配置静态路由。

```
Router4(config)#ip route 192.168.1.0 255.255.255.0 192.168.12.1
Router4(config)#ip route 192.168.2.0 255.255.255.0 192.168.12.1
Router4(config)#exit
```

第 4 步：查看路由表。

```
Router4#show ip route
Codes: C - connected, S - static, I - IGRP, R - RIP, M - mobile, B - BGP
       D - EIGRP, EX - EIGRP external, O - OSPF, IA - OSPF inter area
       N1 - OSPF NSSA external type 1, N2 - OSPF NSSA external type 2
       E1 - OSPF external type 1, E2 - OSPF external type 2, E - EGP
       i - IS-IS, L1 - IS-IS level-1, L2 - IS-IS level-2, ia - IS-IS inter area
```

```
            * - candidate default, U - per-user static route, o - ODR
            P - periodic downloaded static route

  Gateway of last resort is not set

  S     192.168.1.0/24 [1/0] via 192.168.12.1
  S     192.168.2.0/24 [1/0] via 192.168.12.1
  C     192.168.3.0/24 is directly connected, FastEthernet0/0
  C     192.168.12.0/24 is directly connected, FastEthernet0/1
  Router4#

  Router3#show ip route
  Codes: C - connected, S - static, I - IGRP, R - RIP, M - mobile, B - BGP
            D - EIGRP, EX - EIGRP external, O - OSPF, IA - OSPF inter area
            N1 - OSPF NSSA external type 1, N2 - OSPF NSSA external type 2
            E1 - OSPF external type 1, E2 - OSPF external type 2, E - EGP
            i - IS-IS, L1 - IS-IS level-1, L2 - IS-IS level-2, ia - IS-IS inter area
            * - candidate default, U - per-user static route, o - ODR
            P - periodic downloaded static route

  Gateway of last resort is not set

  C     192.168.1.0/24 is directly connected, FastEthernet0/0
  C     192.168.2.0/24 is directly connected, FastEthernet1/0
  S     192.168.3.0/24 [1/0] via 192.168.12.2
  C     192.168.12.0/24 is directly connected, FastEthernet0/1
Router3#
```

显然，路由表里有了 3 个网络的静态路由，3 台主机能够相互通信了。

4. 在路由器 Router4 上配置 IP 标准访问控制列表

拒绝来自 192.168.2.0 网段的数据流量通过。

```
Router4(config)#access-list 1 deny 192.168.2.0 0.0.0.255
Router4(config)#
```

允许来自 192.168.1.0 网段的数据流量通过。

```
Router4(config)#accEss-list 1 permit 192.168.1.0 0.0.0.255
Router4(config)#
```

显示 IP 标准访问控制列表。

```
Router4#show access-lists 1
Standard IP access list 1
    deny 192.168.2.0 0.0.0.255
    permit 192.168.1.0 0.0.0.255
Router4#
```

5. 把 IP 标准访问控制列表应用在路由器 Router4 的 Fa 0/0 端口上

```
Router4(config)#interface fastEthernet 0/0
Router4(config-if)#ip access-group 1 out
Router4(config-if)#exit
Router4(config)#
```

6. 验证测试

在 PC0 的命令提示符下 PING 192.168.3.10 能够 PING 通，在 PC1 的命令提示符下 PING 192.168.3.10 则不能 PING 通，测试结果如图 10-2、图 10-3 所示。

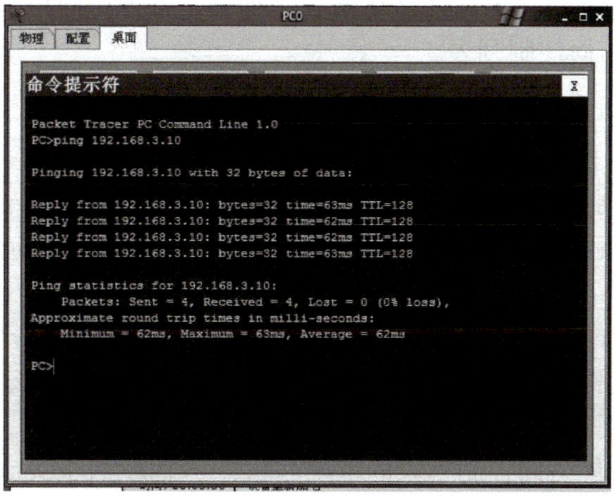

图 10-2　测试结果（一）

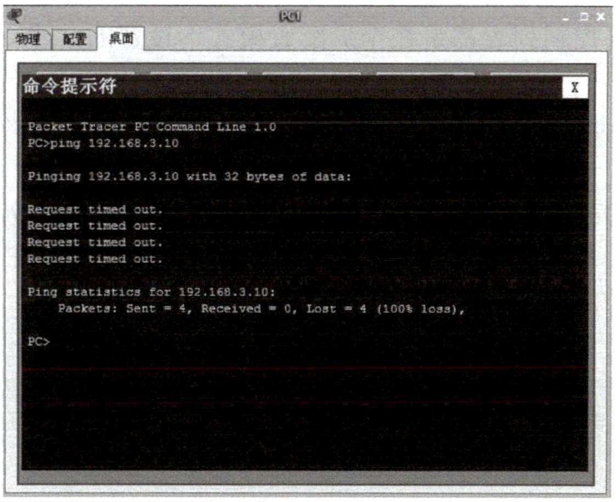

图 10-3　测试结果（二）

相关知识

1. 访问控制列表概述

ACL（访问控制列表）是在交换机和路由器上经常采用的一种防火墙技术，它可以根据一定的规则对经过网络设备上的数据包进行过滤。它有以下一些作用：在内网部署安全策略，保证内网安全权限的资源访问；内网访问外网时，进行安全的数据过滤；防止常见病毒、木马、攻击对用户的破坏。所以说，掌握ACL技术对于网管员非常重要。其实，ACL的配置就和普通的规则一样，就是两个步骤：一是定义规则；二是将规则应用于端口。在应用于端口时，需要注意是入栈应用还是出栈应用。

从安全的角度看，ACL可以基于源地址、目的地址或服务类型允许或禁止为特定的用户提供的资源，有可能只允许FTP流量提供给特定的一台主机，或者可能只允许HTTP流量进入Web服务器而不是E-mail服务器。

IP访问控制列表可以在路由器上配置，也可以在三层交换机上配置，在路由器上配置的访问控制列表是由编号来命名的，也叫编号访问控制列表；在三层交换机上配置的访问控制列表是由字符串来命名的，也叫命名访问控制列表。每种访问控制列表都分为IP标准访问控制列表和IP扩展访问控制列表。

2. 编号标准访问控制列表

（1）编号标准访问控制列表介绍

编号标准访问控制列表是在路由器上建立的标准访问控制列表，其编号取值范围为0～99之间的整数。编号标准访问控制列表只根据源IP地址过滤流量，这个IP地址可以是一台主机、整个网络，或者特定网络上的特定主机。工作过程为：当路由器收到一个数据包时，根据该数据包的源IP地址从访问控制列表上面第一条语句开始逐条检查各条语句。如果检查到匹配语句，根据语句中是允许还是禁止流量通过来处理该数据包；如果检查到最后语句还没有匹配，则该数据包丢弃。

注意：在标准或扩展访问控制列表的末尾，总有一个隐含的Deny all语句。这意味着如果数据包源地址与任何允许语句不匹配，则隐含的Deny all语句将会禁止该数据包通过。

（2）定义编号标准访问控制列表

所有编号标准访问控制列表都是在全局配置模式下设置的，建立IP编号标准访问控制列表的格式如下。

```
Router(config)#access-list access-list number {permit/deny} source {source mask}
```

其中：

access-list number 是编号标准访问控制列表序号，范围是0～99。

permit/deny 表示编号标准访问控制列表是允许还是禁止满足条件的数据包通过。

source 是要被过滤的源数据包地址。

source mask 是通配屏蔽码，“1”表示不检查，“0”表示必须匹配位。

其他可以提供的选项参数是any和host，它们可用于permit和deny之后来说明任何主机或一台特定主机。Any命令等同于通配屏蔽码“255.255.255.255”，host命令等同于屏蔽码“0.0.0.0”。

【例10-1】定义标准访问控制列表1，允许来自网络192.168.1.0的流量通过。

```
Router(config)#access-list 1 permit 92.168.1.0 0.0.0.255
```

【例10-2】定义标准访问控制列表2，特别禁止来自网络192.168.10.0的流量通过。

```
Router(config)#access-list 2 deny 192.168.10.0 0.0.0.255
Router(config)#access-list 2 permit any
```

【例10-3】定义标准访问控制列表3，拒绝特定主机192.168.10.3的流量通过。

```
Router(config)#access-list 3 deny 192.168.10.3
```

```
Router(config)#access-list 3 permit any
```

【例 10-4】定义标准访问控制列表 4，拒绝从 192.168.0.0 到 192.168.255.255 的流量通过，但允许 192.167.0.0 到 192.167.255.255 的流量通过。

```
Router(config)#access-list 4 deny 192.168.0.0 0.0.255.255
Router(config)#access-list 4 permit 192.167.0.0 0.0.255.255
```

（3）应用标准访问控制列表

一旦建立了标准访问控制列表，需要将它们应用到路由器的一个端口上。应用到一个端口上可以选择入栈或出栈两个方向，对于某一个接口，当要将从设备外的数据经过接口流入设备内时做访问控制，就是入栈应用；当要将从设备内的数据经过接口流出设备时做访问控制，就是出栈应用。路由器一个接口只能应用一个标准访问控制列表。

【例 10-5】将标准访问控制列表 1 应用到路由器的接口 fastethernet 0/0 的入栈方向上。

```
Router(config)#interface fastethernet 0/0
Router(config-if)#ip access-group 1 in
Router(config-if)#end
```

（4）查看标准访问控制列表

配置完标准访问控制列表后，可以使用命令 show access-lists 来检验标准访问控制列表。

3. 命名标准访问控制列表

在三层交换机上配置命名标准访问控制列表，也是采用定义 ACL、在接口上应用 ACL、查看 ACL 等步骤进行。

在交换机特权模式下，可以通过以下步骤来创建一个命名标准访问控制列表。

第 1 步：进入全局配置模式。

```
Switch#configure terminal
Switch(config)#
```

第 2 步：进入 Access-list 配置模式，用名字来定义一条标准访问控制列表。

```
Switch(config)#ip access-list standard {name}
Switch(config-std-nac)#
```

第 3 步：定义标准访问控制列表条件。

```
Switch(config-std-nac)#deny {source source-wildcard|host souce|any} 或 permit {source source- wildcard|
host souce|any}
Switch(config-std-nac)#end
Switch(config)#
```

其中：

permit 表示可以通过。

deny 表示不可以通过。

source 是要被过滤的数据包源地址。

source-wildcard 是通配屏蔽码，指出哪些位进行匹配，“1”表示允许这些位不同，“0”表示这些位必须匹配。

host source 表示一台源主机，其 source-wildcard 为 0.0.0.0。

Any 代表任意主机，即 source 为 0.0.0.0 ，source-wildcard 为 255.255.255.255。

第 4 步：应用访问控制列表。

```
Switch(config)#interface vlan n
```

其中：n 是指 VLAN n，以实现进入 SVI 模式。

```
Switch(config-if)#ip access-group {name} [out|in]
```

其中：name 为访问控制列表名称，in 或 out 是控制端口流量方向。

【例 10-6】在三层交换机上配置访问控制列表，实现禁止 192.168.2.0 网段上主机发出的数据，而允许其他任意主机。

```
Switch#configure terminal
Switch(config)#ip access-list standard deny_2.0
Switch(config-std-nac)#deny 192.168.2.0 0.0.0.255
Switch(config-std-nac)#permit any
Switch(config-std-nac)#exit
Switch(config)#interface vlan 2
Switch(config-if)#ip access-group deny_2.0 in
Switch(config-if)#end
Switch>
```

任务 2 创建命名 IP 标准访问控制列表

任务情境

你是公司的网络管理员，公司的财务处、计划处和办公室分属不同的 3 个网段，3 个部门之间通过三层交换机进行信息传递，为了安全，公司领导要求你对网络的数据流量进行控制，实现公司的计划处主机可以访问财务处主机，办公室主机不能访问财务处主机。

任务分析

对于这一任务，首先对交换机进行基本配置，实现 3 个网段可以互相访问，然后对交换机配置 IP 标准访问控制列表，允许计划处主机发出的数据包通过，不允许办公室的主机发出的数据包通过，最后将这一策略加到交换机 VLAN 30 的 SVI 端口输出方向上，拓扑图如图 10-4 所示。

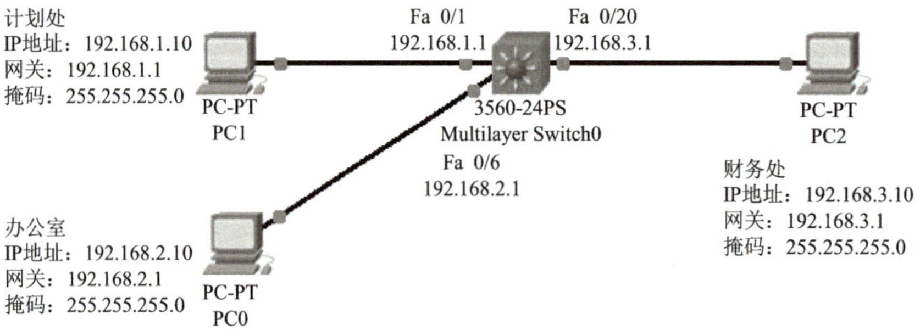

图 10-4 交换机标准访问控制列表网络拓扑图

任务实施

1. PC 配置

PC0 的 IP 地址配置为 192.168.2.10，子网掩码为 255.255.255.0，网关为 192.168.2.1；PC1 的 IP 地址配置为 192.168.1.10，子网掩码为 255.255.255.0，网关为 192.168.1.1；PC2 的 IP 地址配置为 192.168.3.10，子网掩码为 255.255.255.0，网关为 192.168.3.1。

2. 三层交换机配置

第 1 步：进入全局配置模式。

```
Switch>enable
Switch#configure terminal
Configuring from terminal, memory, or network [terminal]?
Enter configuration commands, one per line.   End with CNTL/Z.
Switch(config)#
```

第 2 步：启用三层交换机路由功能。

```
Switch(config)#ip routing
```

第 3 步：建立 VLAN 并分配端口及 IP 地址。

```
Switch(config)#vlan 10
Switch(config-vlan)#exit
Switch(config)#vlan 20
Switch(config-vlan)#exit
Switch(config)#vlan 30
Switch(config-vlan)#exit
Switch(config)#interface fastEthernet 0/1
Switch(config-if)#switchport mode access
Switch(config-if)#switchport access vlan 10
Switch(config-if)#exit
Switch(config)#interface fastEthernet 0/6
Switch(config-if)#switchport mode access
Switch(config-if)#switchport access vlan 20
Switch(config-if)#exit
Switch(config)#interface fastEthernet 0/20
Switch(config-if)#switchport mode access
Switch(config-if)#switchport access vlan 30
Switch(config-if)#exit
Switch(config)#interface vlan 10

%LINK-5-CHANGED: Interface Vlan10, changed state to up

%LINEPROTO-5-UPDOWN: Line protocol on Interface Vlan10, changed state to up
Switch(config-if)#ip address 192.168.1.1 255.255.255.0
Switch(config-if)#no shutdown
Switch(config-if)#exit
```

```
Switch(config)#interface vlan 20
%LINK-5-CHANGED: Interface Vlan20, changed state to up

%LINEPROTO-5-UPDOWN: Line protocol on Interface Vlan20, changed state to up
Switch(config-if)#ip address 192.168.2.1 255.255.255.0
Switch(config-if)#no shutdown
Switch(config-if)#exit
Switch(config)#interface vlan 30

%LINK-5-CHANGED: Interface Vlan30, changed state to up

%LINEPROTO-5-UPDOWN: Line protocol on Interface Vlan30, changed state to up
Switch(config-if)#ip address 192.168.3.1 255.255.255.0
Switch(config-if)#no shutdown
Switch(config-if)#exit
Switch(config)#
```

第 4 步：查看三层交换机路由表。

```
Switch(config)#show ip route
Codes: C - connected, S - static, I - IGRP, R - RIP, M - mobile, B - BGP
       D - EIGRP, EX - EIGRP external, O - OSPF, IA - OSPF inter area
       N1 - OSPF NSSA external type 1, N2 - OSPF NSSA external type 2
       E1 - OSPF external type 1, E2 - OSPF external type 2, E - EGP
       i - IS-IS, L1 - IS-IS level-1, L2 - IS-IS level-2, ia - IS-IS inter area
       * - candidate default, U - per-user static route, o - ODR
       P - periodic downloaded static route
Gateway of last resort is not set
C    192.168.1.0/24 is directly connected, Vlan10
C    192.168.2.0/24 is directly connected, Vlan20
C    192.168.3.0/24 is directly connected, Vlan30
Switch#
```

可见，路由表里包含了 3 个网段的直连路由，PC 之间可以互相 PING 通，测试结果如图 10-5 所示。

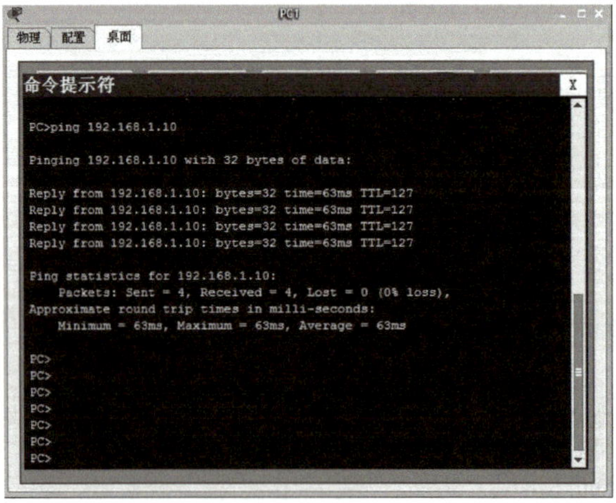

图 10-5　测试结果

3. 命名 IP 标准访问控制列表的配置

```
Switch(config)#ip access-list standard ABC
Switch(config-std-nacl)#permit 192.168.1.0 0.0.0.255
Switch(config-std-nacl)#exit
Switch(config)#interface vlan 30
Switch(config-if)#ip access-group ABC out
Switch(config-if)#exit
Switch(config)#
```

4. 验证测试

在计划处 PC1 的命令提示符下 PING 192.168.3.10，可以 PING 通；在办公室 PC0 的命令提示符下 PING 192.168.3.10，不能 PING 通，测试结果如图 10-6、图 10-7 所示。

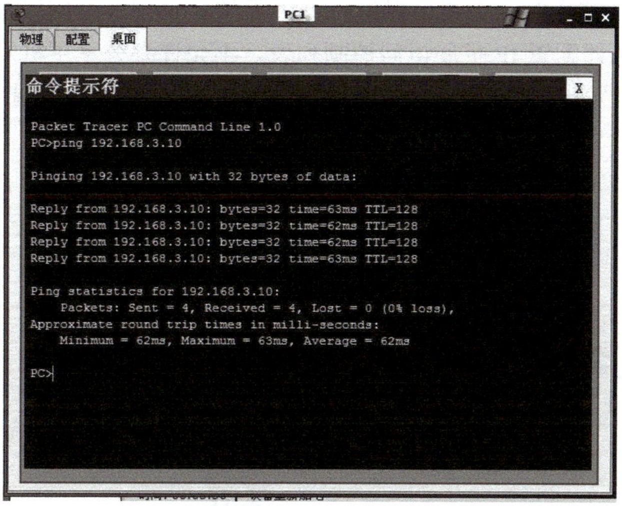

图 10-6 测试结果（一）

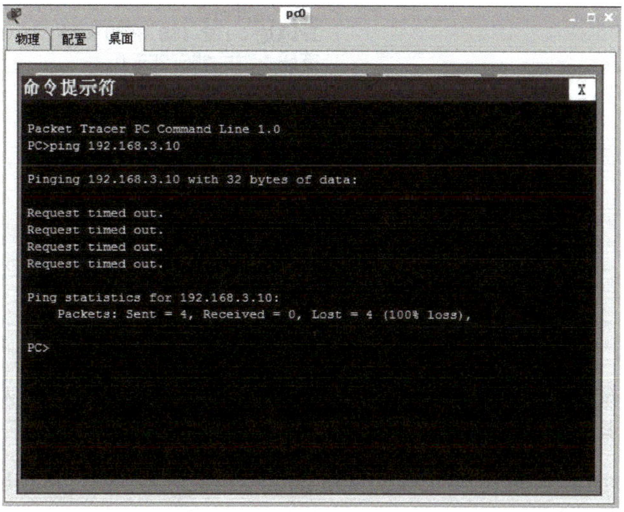

图 10-7 测试结果（二）

任务3 创建IP扩展访问控制列表

任务情境

你是公司的网络管理员，公司的网络管理中心分别架设了FTP、Web服务器，其中FTP服务器供计划处专用，办公室不可使用；Web服务器在计划处、办公室都可使用。FTP及Web服务器、计划处、办公室分别属于3个不同网段，3个网段之间通过路由器进行信息交换，要求你对路由器进行设置实现网络的数据流量控制。

任务分析

针对这一任务，首先对两个路由器进行基本配置，实现3个网段互访；然后对距离控制源地址较近的路由器配置IP扩展访问控制列表，不允许办公室主机发出的FTP数据包通过，允许计划处主机发出的数据包通过，最后将这一策略加到路由器端口。网络结构拓扑图如图10-8所示。

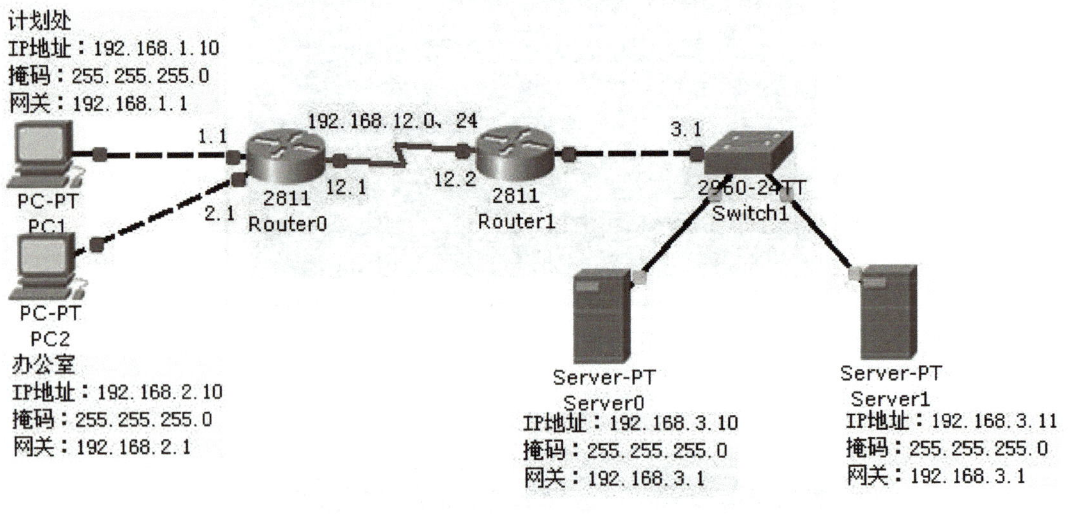

图10-8 路由器IP扩展访问控制列表网络拓扑图

任务实施

1. PC配置

PC0的IP地址配置为192.168.1.10，子网掩码为255.255.255.0，网关为192.168.1.1；PC1的IP地址配置为192.168.2.10，子网掩码为255.255.255.0，网关为192.168.2.1；FTP的IP地址为192.168.3.10，子网掩码为255.255.255.0，网关为192.168.3.1；Web的IP地址为192.168.3.11，子网掩码为255.255.255.0，网关为192.168.3.1。

2. 路由器 Router0 的配置

第 1 步：进入全局配置模式。

```
Router0>enable
Router0#config terminal
Enter configuration commands, one per line.   End with CNTL/Z.
Router0 (config)#
```

第 2 步：为各个接口分配 IP 地址。

```
Router0(config)#interface fastEthernet 0/0
Router0(config-if)#ip address 192.168.1.1 255.255.255.0
Router0(config-if)#no shutdown

%LINK-5-CHANGED: Interface FastEthernet0/0, changed state to up

%LINEPROTO-5-UPDOWN: Line protocol on Interface FastEthernet0/0, changed state to up

Router0(config-if)#exit
Router0(config)#interface fastEthernet 0/1
Router0(config-if)#ip address 192.168.2.1 255.255.255.0
Router0(config-if)#no shutdown

%LINK-5-CHANGED: Interface FastEthernet0/1, changed state to up

%LINEPROTO-5-UPDOWN: Line protocol on Interface FastEthernet0/1, changed state to up

Router0(config-if)#exit
Router0(config)#interface serial 0/0/0
Router0(config-if)#ip address 192.168.12.1 255.255.255.0
Router0(config-if)#clock rate 64000
Router0(config-if)#Router0(config-if)#no shutdown

%LINK-5-CHANGED: Interface Serial0/0/0, changed state to down
Router0(config-if)#exit
Router0(config)#
```

第 3 步：配置路由。

```
Router0(config)#ip route 192.168.3.0 255.255.255.0 192.168.12.2
Router0(config)#exit

%SYS-5-CONFIG_I: Configured from console by console
Router0#
```

3. 路由器 Router1 的配置

第 1 步：进入全局配置模式。

```
Router1>enable
Router1#config terminal
Enter configuration commands, one per line.   End with CNTL/Z.
Router1 (config)#
```

第 2 步：为各个接口分配 IP 地址。

```
Router1(config)#interface fastEthernet 0/0
Router1(config-if)#ip address 192.168.3.1 255.255.255.0
Router1(config-if)#no shutdown

%LINK-5-CHANGED: Interface FastEthernet0/0, changed state to up

%LINEPROTO-5-UPDOWN: Line protocol on Interface FastEthernet0/0, changed state to up

Router1(config-if)#exit
Router1(config)#interface serial 0/0/0
Router1(config-if)#ip address 192.168.12.2 255.255.255.0
Router1(config-if)#clock rate 64000
Router1(config-if)#no shutdown

%LINK-5-CHANGED: Interface Serial0/0/0, changed state to up

Router1(config-if)#
%LINEPROTO-5-UPDOWN: Line protocol on Interface Serial0/0/0, changed state to up

Router1(config-if)#exit
Router1(config)#
```

第 3 步：配置路由。

```
Router1(config)#ip route 192.168.1.0 255.255.255.0 192.168.12.1
Router1(config)#ip route 192.168.2.0 255.255.255.0 192.168.12.1

Router1(config)#exit

%SYS-5-CONFIG_I: Configured from console by console
Router1#
```

第 4 步：检查路由表。

```
Router1#show ip route
Codes: C - connected, S - static, I - IGRP, R - RIP, M - mobile, B - BGP
       D - EIGRP, EX - EIGRP external, O - OSPF, IA - OSPF inter area
       N1 - OSPF NSSA external type 1, N2 - OSPF NSSA external type 2
       E1 - OSPF external type 1, E2 - OSPF external type 2, E - EGP
```

```
        i - IS-IS, L1 - IS-IS level-1, L2 - IS-IS level-2, ia - IS-IS inter area
        * - candidate default, U - per-user static route, o - ODR
        P - periodic downloaded static route

Gateway of last resort is not set

S      192.168.1.0/24 [1/0] via 192.168.12.1
S      192.168.2.0/24 [1/0] via 192.168.12.1
C      192.168.3.0/24 is directly connected, FastEthernet0/0
C      192.168.12.0/24 is directly connected, Serial0/0/0
Router1#
Router0#show ip route
Codes: C - connected, S - static, I - IGRP, R - RIP, M - mobile, B - BGP
        D - EIGRP, EX - EIGRP external, O - OSPF, IA - OSPF inter area
        N1 - OSPF NSSA external type 1, N2 - OSPF NSSA external type 2
        E1 - OSPF external type 1, E2 - OSPF external type 2, E - EGP
        i - IS-IS, L1 - IS-IS level-1, L2 - IS-IS level-2, ia - IS-IS inter area
        * - candidate default, U - per-user static route, o - ODR
        P - periodic downloaded static route

Gateway of last resort is not set

C      192.168.1.0/24 is directly connected, FastEthernet0/0
C      192.168.2.0/24 is directly connected, FastEthernet0/1
S      192.168.3.0/24 [1/0] via 192.168.12.2
C      192.168.12.0/24 is directly connected, Serial0/0/0
Router0#
```

可以看到路由器的路由表中既有直连路由，也包含静态路由，主机之间可以 PING 通。

4．在路由器 Router0 上配置 IP 扩展访问控制列表

第 1 步：拒绝来自 192.168.1.0 网段去 192.168.3.0 网段的 FTP 流量通过。

Router0(config)#access-list 101 deny tcp 192.168.1.0 0.0.0.255 192.168.3.0 0.0.0.255 eq FTP

第 2 步：允许其他的流量通过。

Router0(config)#access-list 101 permit ip any any

第 3 步：应用 IP 扩展访问控制列表

Router0(config)#interface fastEthernet 0/0

Router0(config-if)#ip access-group 101 in

5．验证配置

在计划处 PC1 的命令提示符下 PING 192.168.3.10，可以 PING 通；在办公室 PC0 的命令提示符下 PING 192.168.3.10，不能 PING 通，测试结果如图 10-9、图 10-10 所示。

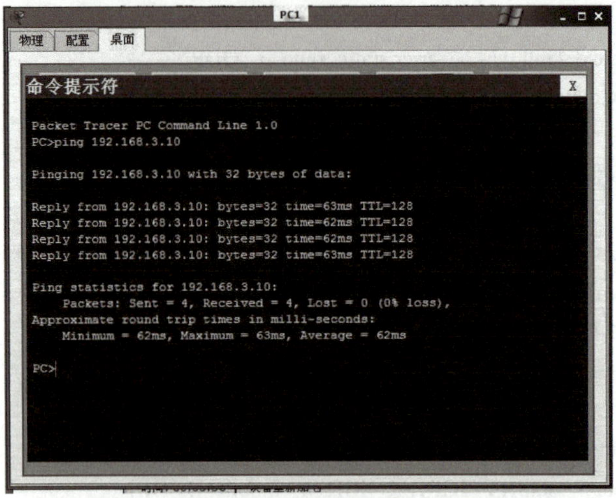

图 10-9　测试结果（一）

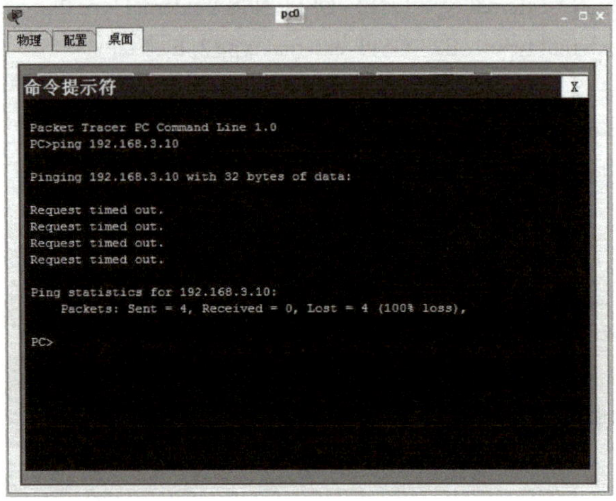

图 10-10　测试结果（二）

相关知识

1. 编号扩展访问控制列表

（1）扩展访问控制列表简述

扩展编号访问控制列表与标准访问控制列表一样，也是在路由器上创建的，其编号范围是 100 ～ 199。IP 扩展访问控制列表可以基于数据包源 IP 地址、目的 IP 地址、协议及端口号等信息来过滤流量。

当路由器收到一个数据包时，路由器根据数据包的源 IP 地址、目的 IP 地址、协议及端口号等信息从访问控制列表中自上而下检查控制语句。如果查到与一条 permit 语句匹配，则允许该数据包通过；如果与一条 deny 语句匹配，则该数据包丢弃；如果检查到最后也没有一条匹配，则该数据包也被丢弃。一旦控制列表允许数据包通过，路由器将数据包的目的地址与路由器上的路由表相比较，就可以把数据包路由到它的目的地。

（2）配置扩展访问控制列表

和标准访问控制列表一样，扩展访问控制列表也在全局模式下输入，格式如下。

```
Router(config)#access-list listnumber{permit|deny}protocol source source-wildcard-mask destination destination-wildcard-mask [operator operand]
```

其中：

listnumber 为规则序号，控制访问列表的规则序号范围为 100 ~ 199。

permit 和 deny 表示允许或禁止满足该规则的数据包通过。

protocol 为 0 ～ 255 之间的任意协议号，对于常见协议（如 IP、TCP、UDP 等），可以直观地指定协议名，若指定为 IP，则该规则对所有 IP 数据包都起作用。

operator operand 用于指定端口范围，默认为全部端口号 0 ～ 65535，只有 TCP、UDP 协议需要指定端口范围。支持的操作符及语法见表 10-1。

表 10-1 扩展访问列表的操作符意义

操作符及语法	意 义
Eg portnumber	等于端口号
Gt portnumber	大于端口号
Lt portnumber	小于端口号
Neg portnumber	不等于端口号
Range portnumber1 portnumber2	介于端口号 portnumber1 和 portnumber2 之间

在指定端口号 portnumber 时，对于常见的端口号，可以用相应的助记符来代替实际数字，支持 TCP 端口号的助记符见表 10-2。支持 UDP 端口号的助记符见表 10-3。

表 10-2 TCP 端口号助记符

助 记 符	意义及实际值
Bgp	Border gateway protocol (179)
chargen	Character generator (19)
cmd	Remote commands(rcmd,514)
Daytime	Daytime(13)
discard	Discard(9)
domain	Domain name service(53)
echo	Echo(7)
exec	Exec(rsh,512)
finger	Finger(79)
ftp	File transfer protocol(21)
ftp-data	FTP data connections(20)
gopher	Gopher(70)
hostname	NIC hostname server(101)
irc	Insert login(543)
klogin	Kerberos login(543)
kshell	Kerberos shell(544)

（续）

助 记 符	意义及实际值
Login	Login (rlogin,513)
Lpd	Printer service(515)
nntp	Network news transport protocol(119)
Pop2	Post office protocol v2(109)
Pop3	Post office protocol v3(110)
Smtp	Simple mail transport protocol(25)
Sunrpc	Sun remote procedure call(111)
Syslog	Syslog(514)
Tacacs	TAC access control system(49)
Talk	Talk(517)
telnet	telnet(23)
Time	Time(37)
Uucp	Unix-to-unix copy program(540)
Whois	Nicname(43)
www	World wide web (HTTP,80)

表 10-3　UDP 端口号助记符

助 记 符	意义及实际值
biff	Mail notify(512)
Booixtpc	Bootstrap protocol client(68)
Bootps	Bootstrap protocol server(67)
Discard	Discard(9)
Dns	Mail notify(512)
dnsix	DNSIX securit attribute token map(90)
echo	Echo(7)
Mobilip-ag	MobileIP-Agent(434)
Mobilip-mn	MobileIP-mn(435)
nameserver	Host name server(42)
Netbios-dgm	NETBIOS datagrame service(138)
Netbios-ns	NETBIOS name service(137)
Netbios-ssn	NETBIOS session service(139)
Ntp	Network time protocol(123)
Rip	Routing information protocol(520)
Snmp	SNMP(161)
Snmptrap	SNMPTRAP(162)
Sunrpc	SUN remote procedure call(111)
syslog	Syslog(514)
Tacacs-ds	TACACS-database service(65)
talk	Talk(517)
tftp	Trivial file transfer(69)
time	Time(37)
who	Who(513)
xdmcp	X display manager control protocol(177)

（3）应用访问控制列表

在路由器接口上应用访问控制列表命令，见表 10-4。

表 10-4　在接口上应用访问控制列表

操　　作	命　　令
指定接口上过滤接收报文规则	Ip access-group listnumber in
取消接口上过滤接收报文规则	No Ip access-group listnumber in
指定接口上过滤发送报文规则	Ip access-group listnumber out
取消接口上过滤发送报文规则	No Ip access-group listnumber out

参数 in/out 表示是入栈还是出栈，如果你想让访问列表对两个方向都有用，则两个参数都要加上。对于每个协议的每个接口的每个方向，只能应用一个访问列表。

【例 10-7】在路由器 R 上配置访问控制列表，实现只允许从 129.6.0.0 网段的主机向 202.36.161.0 网段的主机发送 WWW 报文，禁止其他报文通过。

```
R(config)#access-list 100 permit tcp 129.6.0.0 0.0.255.255 202.36.161.0 0.0.0.255 eq www
R(config)#interface fastethernet 0/0
R(config-if)#ip access-group 100 in
R(config-if)#exit
R(config)#
```

2. 命名扩展访问控制列表

创建命名扩展访问控制列表，在交换机特权模式下，通过以下步骤来实现。

第 1 步：进入全局配置模式。

```
Switch#configure terminal
Switch(config)#
```

第 2 步：用名字定义一个命名扩展访问列表。

```
Switch(config)#ip access-list extended {name}
Switch(config-ext-nacl)#
```

第 3 步：定义扩展访问列表条件。

```
Switch(config-ext-nacl)#{deny|permit} protocol {source source-wildcard|host source|any}]operator port]
{destination-wildcard|host destination|any}[operator port]
Switch(config-ext-nacl)#end
Switch(config)#
```

其中：

deny 为禁止通过。

permit 为允许通过。

protocol 为协议类型。TCP 为 tcp 数据流；UDP 为 udp 数据流；IP 为任务 ip 数据流。

source 为源数据包地址。

source-wildcard 为源 IP 地址通配符。

host source 代表一台源主机，其 Source-wildcard 为 0.0.0.0。

any 代表任意主机。

operator 为操作符，只能为 eq。

port 为十进制端口号，范围是 0 ～ 65535。

第 4 步：应用访问控制列表。

```
Switch(config)#interface vlan n
Switch(config-if)#ip access-group [name] [in|out]
Switch(config-if)#end
Switch#
```

【例 10-8】在交换机上配置扩展访问列表，实现只允许 192.168.2.0 网段上主机访问 IP 地址为 172.16.1.100 的 Web 服务器，禁止其他任何主机访问。

```
Switch(config)#ip access-list allow_2
Switch(config-ext-nacl)#permit tcp 192.168.2.0 0.0.0.255 host 172.16.1.100 eq WWW
Switch(config-ext-nacl)#exit
Switch(config)#interface vlan 2
Switch(config-if)#ip access-group allow_2 in
Switch(config-if)#end
Switch#
```

任务 4　创建基于时间的访问控制列表

任务情境

你是公司的网络管理员，为了保证公司员工工作的效率，公司要求员工上班期间只能访问内部网站，下班后可以随意，不受限制。

任务分析

针对这一任务，首先对路由器进行基本配置，然后配置基于时间的 IP 扩展访问控制列表，不允许员工在工作期间发出的数据包通过，最后将这一策略加到路由器端口。网络结构拓扑图如图 10-11 所示。

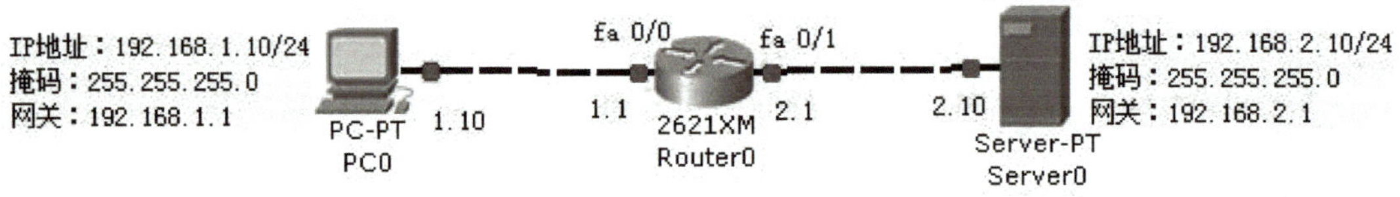

图 10-11　基于时间 IP 扩展访问控制列表网络拓扑图

任务实施

1. PC 及 Web 配置

PC0 的 IP 地址配置为 192.168.1.10，子网掩码为 255.255.255.0，网关为 192.168.1.1；Web 服务器的 IP 地址配置为 192.168.2.10，子网掩码为 255.255.255.0，网关为 192.168.2.1。

2. 路由器 Router0 的配置

第 1 步：进入全局配置模式。

```
Router0>enable
Router0#config terminal
Enter configuration commands, one per line.   End with CNTL/Z.
Router0 (config)#
```

第 2 步：为各个接口分配 IP 地址。

```
Router0(config)#interface fastEthernet 0/0
Router0(config-if)#ip address 192.168.1.1 255.255.255.0
Router0(config-if)#no shutdown

%LINK-5-CHANGED: Interface FastEthernet0/0, changed state to up

%LINEPROTO-5-UPDOWN: Line protocol on Interface FastEthernet0/0, changed state to up

Router0(config-if)#exit
Router0(config)#interface fastEthernet 0/1
Router0(config-if)#ip address 192.168.2.1 255.255.255.0
Router0(config-if)#no shutdown

%LINK-5-CHANGED: Interface FastEthernet0/1, changed state to up

%LINEPROTO-5-UPDOWN: Line protocol on Interface FastEthernet0/1, changed state to up

Router0(config-if)#exit
Router0(config)#
```

第 3 步：配置路由器时钟。

```
Router0#show clock                                  ！查看路由器当前时钟
clock: 1987-1-16 5:19:9
Router0#clock set 16:03:40 27 april 2011-4-10       ！重设路由器当前时钟和实际时钟同步
Router0#show clock
clock: 2011-4-10 16:04:9
```

第 4 步：定义时间段。

```
Router0(config)#time-range freetime
Router0(config-time-range)#absolute start 8:00 1 jan 2006 end 18:00 30 dec 2011
Router0(config-time-range)#periodic daily 0:00 to 9:00      ！定义周期性时间段
Router0(config-time-range)#periodic daily 17:00 to 23:59    ！定义周期性时间段
```

验证配置：

```
Router0#show time-range
time-range entry: freetime (inactive)
absolute start 08:00 01 January 2006 end 18:00 30 December 2011
periodic Daily 0:00 to 9:00
periodic Daily 17:00 to 23:59
```

第 5 步：定义访问控制列表规则。

```
Router0(config)#access-list 100 permit ip any host 160.16.1.1
```

！定义扩展访问控制列表，允许访问主机 160.16.1.1

```
Router0(config)#access-list 100 permit ip any any time-range freetime
```

！关联 time-range 接口 t1，允许在规定时间段访问任何网络。

注：访问控制列表的隐含规则是拒绝所有数据包。

验证配置：查看访问控制列表配置。

```
Router0#show access-lists
Extended IP access list 100 includes 2 items:
permit ip any host 160.16.1.1
permit ip any any time-range freetime (active)
```

第 6 步：将访问列表规则应用在接口上。

```
Router0(config)#interface fastethernet 1/0
Router0(config-if)#ip access-group 100 in          ! 在 F1/0 接口上进行入栈应用
```

验证配置：查看 F1/0 接口上应用的规则。

```
Router0#show ip interface fastethernet 1/0
FastEthernet 1/0
IP interface state is: UP
IP interface type is: BROADCAST
IP interface MTU is: 1500
IP address is:
172.16.1.1/24 (primary)
IP address negotiate is: OFF
Forward direct-boardcast is: ON
ICMP mask reply is: ON
Send ICMP redirect is: ON
Send ICMP unreachabled is: ON
DHCP relay is: OFF
Fast switch is: ON
Route horizontal-split is: ON
Help address is: 0.0.0.0
Proxy ARP is: ON
Outgoing access list is not set.
Inbound access list is 100.
```

第 7 步：验证测试。

在服务器主机上配置 Web 服务器，服务器 IP 地址为 160.16.1.1。

（1）验证在工作时间的服务器的访问

更改路由器的当前时间为上班时间，PC 可以访问 160.16.1.1 的 Web 服务。更改服务器的 IP 地址为 160.16.1.5，PC 无法访问 Web 服务。

（2）验证在非工作时间的服务器的访问

更改路由器的当前时间为下班时间，PC 可以访问 160.16.1.1 的 Web 服务。更改服务器的 IP 地址为 160.16.1.5，PC 同样可以访问 Web 服务。

相关知识

基于时间的 ACL 功能使管理员可以依据时间来控制用户对网络资源的访问，为了实现这一功能，必须先创建一个 Time-range 接口来指明时间与日期。与其他接口一样，Time-range 接口是通过名称来标志的。然后，再将 Time-range 接口与对应的 ACL 关联起来。

1. 校正路由器时钟

为了有效地实现基于时间的访问控制列表功能，有必要校正路由器时钟，具体操作见表 10-5。

表 10-5 校正路由器时钟

命 令	功 能
Router>enable	进入特权模式
Router#clock set hh:mm:ss date month year or clock set hh:mm:ss month date year	设置时钟
Router#clock update-calendar	更新路由器时钟
Router#end	退出特权模式

2. 创建并定义 time-range 端口

创建时间接口、定义时间范围等操作见表 10-6。

表 10-6 创建时间接口并定义时间范围

命 令	功 能
Router#configure terminal	进入全局模式
Router(config)#time-range name	创建接口
Router(config-time-range)#absolut [start time date][end time date]and/or periodic days-of-the-week hh:mm to [days-of-the-week]hh:mm	设置时间段

3. 关联 time-range 接口与 ACL

只允许扩展访问控制列表 ACL 关联 time-range 接口，具体操作见表 10-7。

表 10-7 关联时间接口

命 令	功 能
Router#configure terminal	进入特权模式
Router(cconfig)#access-list {deny|permit}protocol source src-wildcard destination desti-wildcard [time-range name]	设置扩展 ACL，并将 time-range 关联到 ACL
Router(cconfig)#exit	退出全局配置模式

小结

访问控制是网络安全防范和保护的主要策略，它的主要任务是保证网络资源不被非法使用和访问，它是保证网络安全最重要的核心策略之一。访问控制涉及的技术也比较广，包括入网访问控制、网络权限控制、目录级控制以及属性控制等多种手段。

访问控制列表（ACL）是应用在路由器接口的指令列表。这些指令列表用来告诉路由器哪些数据包可以接收、哪些数据包需要拒绝。至于数据包是被接收还是拒绝，可以由类似于源地址、目的地址、端口号等特定指示条件来决定。

访问控制列表不但可以起到控制网络流量、流向的作用，而且在很大程度上起到保护网络设备、服务器的关键作用。作为外网进入企业内网的第一道关卡，路由器上的访问控制列表成为保护内网安全的有效手段。

此外，在路由器的许多其他配置任务中都需要使用访问控制列表，如网络地址转换（Network Address Translation，NAT）、按需拨号路由（Dial on Demand Routing，DDR）、路由重分布（Routing Redistribution）、策略路由（Policy-Based Routing，PBR）等很多场合都需要访问控制列表。

实战强化

某公司网络拓扑图如图 10-12 所示，要求在路由器 R1 上配置标准访问控制列表，使公司 2 能访问公司 1，即 PC2 能 PING 通 PC1，公司 3 不能访问公司 1。在 R1 处配置扩展访问列表，使 PC2 能访问 Web Server，PC3 不能访问 Web Server。

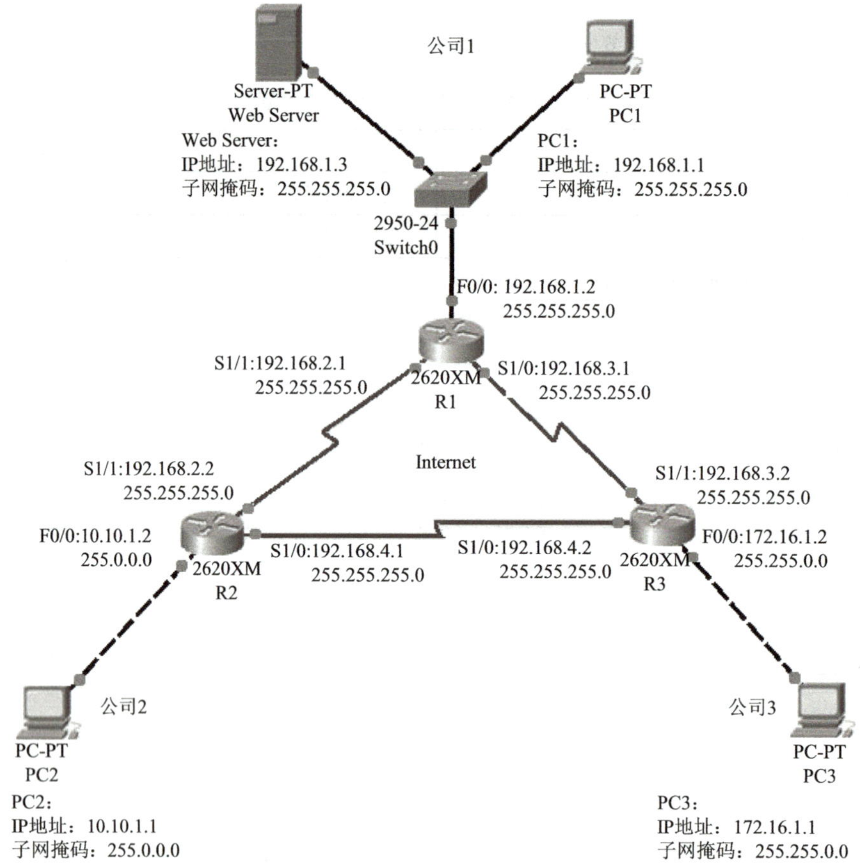

图 10-12　某公司网络拓扑图

项目 11　配置路由器的网络地址转换

职业能力目标

1）掌握路由器静态网络地址转换的配置方法。
2）掌握路由器动态网络地址转换的配置方法。
3）掌握路由器端口映射的配置方法。

任务 1　配置路由器的静态网络地址转换

任务情境

你是某公司的网络管理员，该公司出口路由器通过串口连接到电信运营商，电信运营商 ISP 给企业出口路由器接口分配的地址是 1.1.1.1/30，分配给企业用于地址翻译的地址段是 61.139.10.32/28。现在需要你做合理配置，使得公司 WWW、BBS 两台服务器能够对外提供服务。

任务分析

根据公司的需要。公司内部的 WWW 和 BBS 两台服务器需要有固定的且合法的 IP 地址时，才能对外提供服务，所以应该采用静态地址转换方式。网络拓扑图如图 11-1 所示。

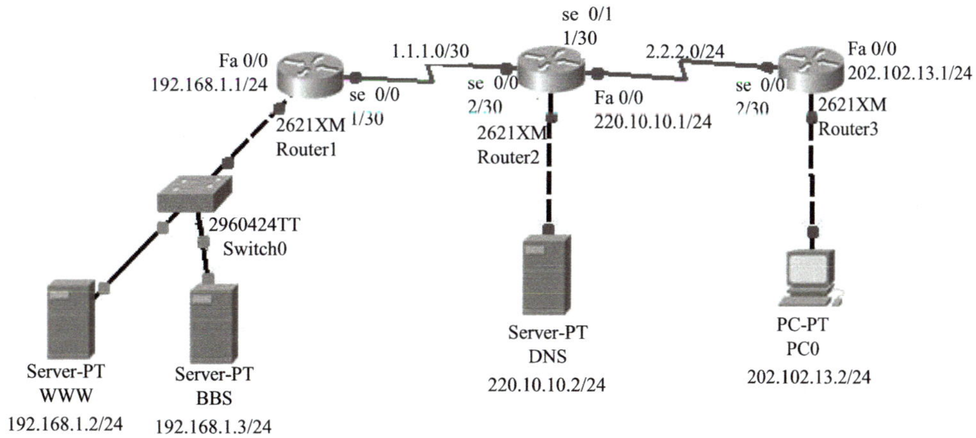

图 11-1　某公司网络拓扑图

公司内部的 WWW 和 BBS 服务器配置为私有 IP 地址，它们分别为 192.168.1.2/24 和 192.168.1.3/24。从 ISP 分配给公司的用于 NAT 的地址段中拿出两个地址 61.139.10.33/28 和 61.139.10.34/28，分别用于 WWW 和 BBS 两台服务器对外服务地址。WWW 和 BBS 服务器的域名分别为 WWW.SZIIT.COM.CN 和 BBS.SZIIT.COM.CN。

任务实施

1．PC、Web、DNS、BBS 配置

PC0 的 IP 地址配置为 202.102.13.2，子网掩码为 255.255.255.0，网关为 202.102.13.1，DNS 服务器地址为 220.10.10.2，如图 11-2 所示。Web 服务器的 IP 地址配置为 192.168.1.2，子网掩码为 255.255.255.0，网关为 192.168.1.1，如图 11-3 所示，并且修改 Web 页面显示内容，如图 11-4 所示。同样配置 BBS 的 IP 地址与显示内容，如图 11-5、图 11-6 所示。

配置 DNS 时，要关闭 HTTP，减少出错几率，同时添加主机记录，如图 11-7 所示。

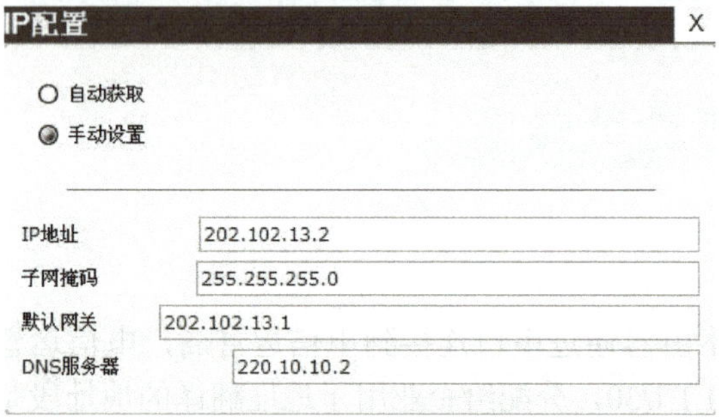

图 11-2　PC0 的 IP 地址配置

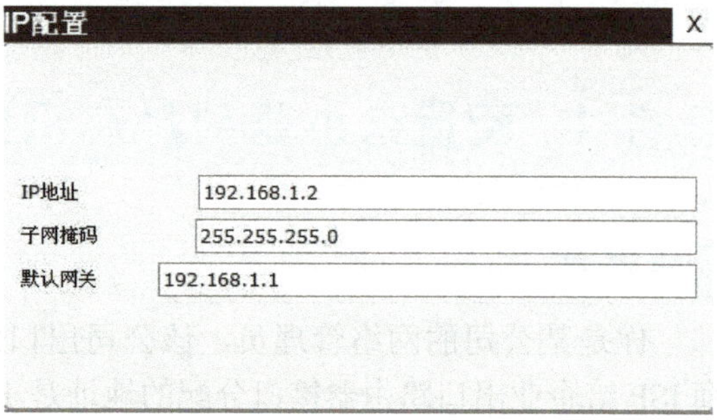

图 11-3　Web 服务器 IP 地址配置

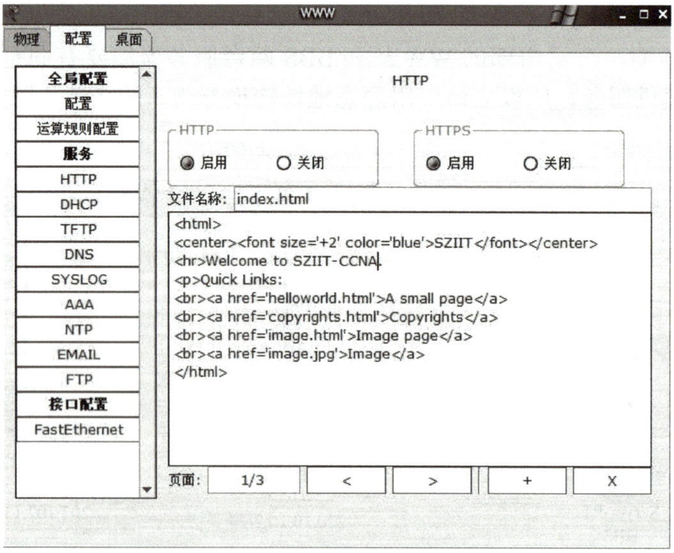

图 11-4　配置 Web 服务器

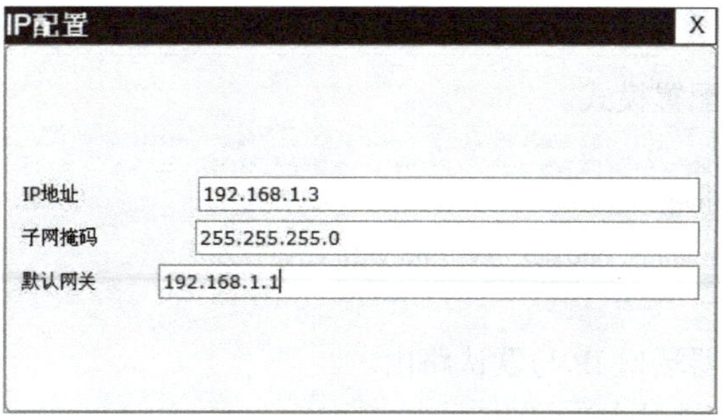

图 11-5　配置 BBS 服务器 IP 地址

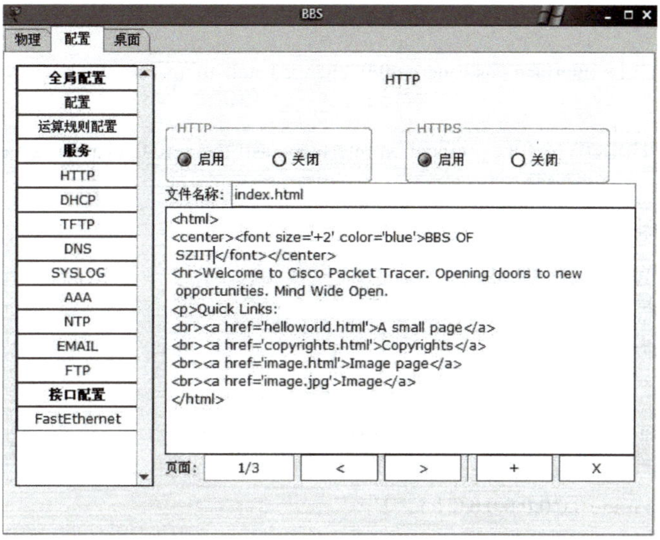

图 11-6　配置 BBS

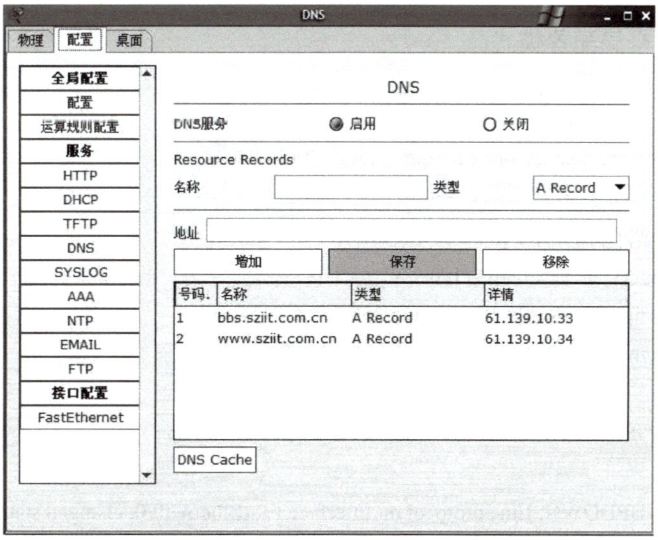

图 11-7　添加 DNS 主机记录

2. 路由器 Router1 配置

第 1 步：进入全局配置模式。

```
Router1>enable
Router1#configure terminal
Enter configuration commands, one per line. End with CNTL/Z.
Router1(config)#
```

第 2 步：配置路由器端口 IP 与默认路由。

```
Router1(config)#interface fastEthernet 0/0
Router1(config-if)#ip address 192.168.1.1 255.255.255.0
Router1(config-if)#no shutdown

%LINK-5-CHANGED: Interface FastEthernet0/0, changed state to up

%LINEPROTO-5-UPDOWN: Line protocol on Interface FastEthernet0/0, changed state to up

Router1(config-if)#exit
Router1(config)#interface serial 0/0
Router1(config-if)#ip address 1.1.1.1 255.255.255.252
Router1(config-if)#no shutdown

%LINK-5-CHANGED: Interface Serial0/0, changed state to down
Router1(config-if)#exit
Router1(config)#ip route 0.0.0.0 0.0.0.0 1.1.1.2
Router1(config)#
```

3. 路由器 Router2 配置

第 1 步：进入全局配置模式。

```
Router2>enable
Router2#configure terminal
Enter configuration commands, one per line.  End with CNTL/Z.
Router2(config)#
```

第 2 步：配置路由器端口 IP 与默认路由。

```
Router2(config)#interface fastEthernet 0/0
Router2(config-if)#ip address 220.10.10.1 255.255.255.0
Router2(config-if)#no shutdown

%LINK-5-CHANGED: Interface FastEthernet0/0, changed state to up

%LINEPROTO-5-UPDOWN: Line protocol on Interface FastEthernet0/0, changed state to up

Router2(config-if)#exit
```

```
Router2(config)#interface serial 0/0
Router2(config-if)#ip address 1.1.1.2 255.255.255.252
Router2(config-if)#clock rate 64000
Router2(config-if)#no shutdown

%LINK-5-CHANGED: Interface Serial0/0, changed state to up

Router2(config-if)#exit
Router2(config)#interface serial 0/1
Router2(config-if)#ip address 2.2.2.1 255.255.255.252
Router2(config-if)#clock rate 64000
Router2(config-if)#no shutdown

%LINK-5-CHANGED: Interface Serial0/1, changed state to down
Router2(config-if)#exit
Router2(config)#ip route 202.102.13.0 255.255.255.0 2.2.2.2
Router2(config)#ip route 61.139.10.32 255.255.255.240 1.1.1.1
Router2(config-if)#exit
Router2(config)#
```

4. 路由器 Router3 配置

第 1 步：进入全局配置模式。

```
Router3>enable
Router3#configure terminal
Enter configuration commands, one per line.    End with CNTL/Z.
Router3(config)#
```

第 2 步：配置路由器端口 IP 与默认路由。

```
Router3(config)#interface fastEthernet 0/0
Router3(config-if)#ip address 202.102.13.1 255.255.255.0
Router3(config-if)#no shutdown

%LINK-5-CHANGED: Interface FastEthernet0/0, changed state to up

%LINEPROTO-5-UPDOWN: Line protocol on Interface FastEthernet0/0, changed state to up

Router3(config-if)#exit
Router3(config)#interface serial 0/0
Router3(config-if)#ip address 2.2.2.2 255.255.255.252
Router3(config-if)#clock rate 64000
Router3(config-if)#no shutdown
```

```
%LINK-5-CHANGED: Interface Serial0/0, changed state to up

Router3(config)#ip route 202.102.13.0 255.255.255.0 2.2.2.2
Router3(config)#ip route 220.10.10.0 255.255.255.0 2.2.2.1
Router3(config)#ip route 1.1.1.0 255.255.255.252 2.2.2.1
Router3(config)#ip route 61.139.10.32 255.255.255.240 2.2.2.1
Router3(config)#exit

%SYS-5-CONFIG_I: Configured from console by console
Router3#
```

由于这时外部路由器上没有内网的寻址路由，路由器 Router1 上没有配置 NAT，因此外部计算机无法访问公司内部资源。

5. NAT 配置

```
Router1(config)#IP NAT inside source static 192.168.1.2 61.139.10.33
Router1(config)#IP NAT inside source static 192.168.1.3 61.139.10.34
Router1(config)#interface serial 0/0
Router1(config-if)#ip nat outside
Router1(config-if)#exit
Router1(config)#interface fastEthernet 0/0
Router1(config-if)#ip nat inside
Router1(config-if)#exit
Router1(config)#
```

6. 测试

在 PC0 的“桌面”下的“Web 浏览器”中输入“WWW.SZIIT.COM.CN”、“BBS.SZIIT.COM.CN”，浏览器能够跳转，打开页面，表明外部主机通过 NAT 地址转换，可以访问内网网络资源。

相关知识

1. NAT 简介

随着 Internet 技术的发展，越来越多的用户加入到互联网，无论在办公室、学校还是家庭，人们都需要接入互联网进行办公、娱乐和学习。然而目前互联网的一个重要问题是 IP 地址需求急剧膨胀，IP 地址空间衰竭。而 NAT（Network Address Translation，网络地址转换）的使用则缓解了该问题，使得一个组织的 IP 网络呈现给外部网络的 IP 与正在使用的内部 IP 完全不同，这样一个组织就可以将本来非全局可路由 IP 地址通过 NAT 后，变为全局可路由 IP 地址，实现了原有网络与互联网的连接，而不需要重新给每台主机分配 IP 地址。

NAT 的应用主要包括以下几个方面。

1）主机没有全局唯一的可路由 IP 地址，却需要与互联网连接。NAT 使得用非注册 IP 地址构建的私有网络可以与互联网连通，这也是 NAT 最重要的应用之一。NAT 在连接内部网络和外部网络的边界路由器上进行配置，当内部网络主机访问外部网络时，将内部网络地址转换为全局唯一的可路由 IP 地址。

2）当需要做 TCP 流量的均衡负载，又不想购买昂贵的专业设备时，就可以将单个全局 IP 地址对应到多个内部 IP 地址，这样 NAT 就可以通过轮询方式实现 TCP 流量的负载均衡。

应用 NAT 时存在的问题包括：

1）影响网络速度。NAT 的应用可能会使 NAT 设备成为网络瓶颈，随着网络设备的软、硬件发展，该问题已经逐步得到解决。

2）跟某些应用不兼容。如果一些应用在有效载荷中协商下次会话的 IP 地址和端口号，NAT 将无法对内嵌 IP 地址进行转换，造成这些应用不能正常进行。

3）NAT 不能处理 IP 报头加密的报文。

4）无法实现对 IP 端到端的路径跟踪，经过 NAT 地址转换后，对数据包的路径跟踪将变得十分困难。

2. NAT 基本概念

1）内部网络（Inside）：在内部网络每台主机都分配一个内部 IP 地址，但与外部网络通信时，又表现为另外一个地址。每台主机的前一个地址称为内部本地地址，后一个地址称为外部全局地址。

2）外部网络（Outside）：是指内部网络需要连接的网络，一般指互联网。

3）内部本地地址（Inside Local Address）：是指分配给内部网络主机的 IP 地址，该地址可能是非法的未向相关机构注册的 IP 地址，也可能是合法的私有网络地址。

4）内部全局地址（Inside Global Address）：合法的全局可路由地址，在外部网络看来，它代表着一个或多个内部本地地址。

5）外部本地地址（Outside Local Address）：外部网络的主机在内部网络中表现的 IP 地址，该地址是内部可路由地址，一般不是注册的全局可路由地址。

6）外部全局地址（Outside Global Address）：外部网络分配给外部主机的 IP 地址，该地址称为全局可路由地址。

3. 内部源地址 NAT 配置

当内部网络与外部网络通信时，需要配置 NAT，将内部私有 IP 地址转换成全局唯一 IP 地址。可以配置静态或动态的 NAT 来实现内部网络与外部网络的互联。

在全局配置模式下配置静态 NAT，见表 11-1。

表 11-1 配置静态 NAT

命 令	功 能
R(config)#ip nat inside source static local-address global-address	定义内部源地址静态转换关系
R(config)#interface interface-type interface-number	进入接口配置模式
R(config-if)#ip nat inside	定义该接口连接内部网络
R(config)#interface interface-type interface-number	进入接口配置模式
R(config-if)#ip nat outside	定义该接口连接外部网络

在全局配置模式下配置动态 NAT，见表 11-2。

表 11-2 配置动态 NAT

命　令	功　能
R(config)#ip nat pool address-pool start-address end-address {netmask mask|prefix-length prefix-length}	定义全局 IP 地址池
R(config)#access-list access-list –number permit ip-address wildcard	定义访问列表，只有匹配该列表的地址才转换
R(config)# ip nat inside sourcelist access-list-number pool address-pool	定义内部源地址动态转换关系
R(config)#interface interface-type interface-number	进入接口配置模式
R(config-if)#ip nat inside	定义该接口连接内部网络
R(config)#interface interface-type interface-number	进入接口配置模式
R(config-if)#ip nat outside	定义该接口连接外部网络

4. 内部源地址 NAPT

传统的 NAT 一般指一对一的地址映射，不能同时满足所有的内部网络主机与外部网络通信的需要。使用 NAPT（Network Address Port Translation，网络端口地址转换）可以将多个内部本地地址映射到一个内部全局地址，路由器用内部全局地址和 TCP/UDP 端口号来对应。当进行 NAPT 转换时，路由器需要维护 IP 地址、TCP/UDP 端口号等信息才能将全局地址转换回内部本地地址。

内部源地址NAPT配置也有静态和动态两种情况，当内部主机需要对外部网络提供服务，而又缺乏全局地址，或者没有申请全局地址时，就可以考虑配置静态 NAPT。静态 NAPT 的内部全局地址可以是路由器外部接口的 IP 地址，也可以是向 CNNIC 申请来的地址。而内部源地址动态 NAPT，允许内部所有主机可以访问外部网络，它的内部全局地址可以是路由器接口的 IP 地址，也可以是向 CNNIC 申请来的地址。配置静态 NAPT 的命令见表 11-3。

表 11-3 配置静态 NAPT

命　令	功　能
R(config)#ip nat inside source static {UDP|TCP}local-address port global-address port	定义内部源地址静态转换关系
R(config)#interface interface-type interface-number	进入接口配置模式
R(config-if)#ip nat inside	定义该接口连接内部网络
R(config)#interface interface-type interface-number	进入接口配置模式
R(config-if)#ip nat outside	定义该接口连接外部网络

配置动态 NAPT 的命令见表 11-4。

表 11-4 配置动态 NAPT

命　令	功　能
R(config)#ip nat pool address-pool start-address end-address {netmask mask|prefix-length prefix-length}	定义全局 IP 地址池
R(config)#access-list access-list –number permit ip-address wildcard	定义访问列表，只有匹配该列表的地址才转换
R(config)# ip nat inside sourcelist access-list-number{[pool address-pool]|[interface interface-type interface-number]}overload	定义内部源地址动态转换关系
R(config)#interface interface-type interface-number	进入接口配置模式

（续）

命　令	功　能
R(config-if)#ip nat inside	定义该接口连接内部网络
R(config)#interface interface-type interface-number	进入接口配置模式
R(config-if)#ip nat outside	定义该接口连接外部网络

5. 监视和维护 NAT

当要清除 NAT 的状态以及 NAT 转换记录表时，可在特权模式中执行，见表 11-5。

表 11-5　清除 NAT 转换记录表

命　令	功　能
Router#clear ip nat statics	进入全局配置模式
Router#clear ip nat translation	清除 NAT 所有转换记录
Router#clear ip nat translation inside global-address local-address outside local-address global-address	清除指定转换记录
Router#clear ip nat translation outside local-address global-address	清除指定转换记录
Router#clear ip nat translation {TCP|UDP}inside global-address port local-address port outside local-address global-address	清除指定转换记录

当要显示 NAT 转换统计状态时，可在特权模式中执行，见表 11-6。

表 11-6　显示 NAT 转换统计状态

命　令	功　能
Router#show ip nat statics	显示 NAT 统计路
Router#show ip nat translations [verbose]	显示 NAT 转换记录

任务 2　配置路由器的动态网络地址转换

任务情境

你是公司的网络管理员，公司办公需要接入互联网，公司只向 ISP 申请了一条专线，该专线分配了一个公网 IP 地址，要求你通过配置实现内部公司的全部主机通过一个合法的公网 IP 地址访问远程服务器。

任务分析

R0 为公司出口路由器，其与 ISP 提供商路由器之间通过 V.35 电缆串口连接，DCE 端在 R1 上，配置其时钟频率 64000。在各路由器上配置静态路由协议，让 PC1 能和 WWW 服务器相互 PING 通。在 R0 出口路由器上配置标准或者扩展访问控制列表、配置动态 NAPT，将访问控制列表映射到 NAT 地址池中，实现内部公司的全部主机可以通过一个合法的公网 IP 地址访问远程服务器的 IP 地址。网络拓扑图如图 11-8 所示。

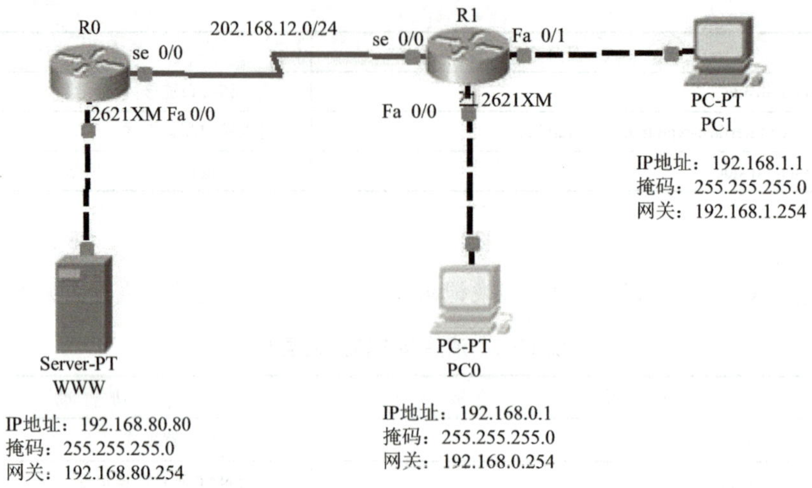

图 11-8 路由器动态 NAT 拓扑图

任务实施

1. PC 及服务器地址配置

PC0 的 IP 地址为 192.168.0.1，掩码为 255.255.255.0，网关为 192.168.0.254。PC1 的 IP 地址为 192.168.1.1，掩码为 255.255.255.0，网关为 192.168.1.254。WWW 服务器 IP 地址为 192.168.80.80，掩码为 255.255.255.0，网关为 192.168.80.254。

2. 路由器 R0 的配置

```
Router>enable
Router#configure terminal
Configuring from terminal, memory, or network [terminal]?
Enter configuration commands, one per line.    End with CNTL/Z.
Router#host R0
R0(config)#interface fastethernet 0/0
R0(config-if)#ip address 192.168.80.254 255.255.255.0
R0(config-if)#no shutdown

%LINK-5-CHANGED: Interface FastEthernet0/0, changed state to up

%LINEPROTO-5-UPDOWN: Line protocol on Interface FastEthernet0/0, changed state to up

R0(config-if)#exit
R0(config)#interface serial 0/0
R0(config-if)#ip address 202.168.12.1 255.255.255.0
R0(config-if)#no shutdown

%LINK-5-CHANGED: Interface Serial0/0, changed state to down
R0(config-if)#
%LINK-5-CHANGED: Interface Serial0/0, changed state to up
R0(config)#
```

3. 路由器 R1 的配置

```
Router>enable
Router#configure terminal
Configuring from terminal, memory, or network [terminal]?
Enter configuration commands, one per line.   End with CNTL/Z.
Router(config)#host R1
R1(config)#interface fastethernet 0/0
R1(config-if)#ip address 192.168.0.254 255.255.255.0
R1(config-if)#ip nat inside
R1(config-if)#no shutdown
R1(config-if)#exit
R1(config)#interface fastethernet 0/1
R1(config-if)#ip address 192.168.1.254 255.255.255.0
R1(config-if)#ip nat inside
R1(config-if)#no shutdown
R1(config-if)#exit
R1(config)#interface Serial0/0
R1(config-if)#ip address 202.168.12.2 255.255.255.0
R1(config-if)#clock rate 64000
R1(config-if)#ip nat outside
R1(config-if)#no shutdown
R1(config-if)#exit
R1(config)#access-list 1 deny 192.168.0.0 0.0.0.255
R1(config)#access-list 1 permit 192.168.1.0 0.0.0.255
R1(config)#ip nat pool InternetPool 202.168.12.3 202.168.12.10 netmask 255.255.255.0
R1(config)#ip nat inside source list 1 pool InternetPool
R1(config)#ip route 0.0.0.0 0.0.0.0 202.168.12.1
```

4. 测试

PC0 由于受到访问控制列表的限制，所以不能进行动态 NAT 转换，从而也就不能与 WWW 服务器通信，如图 11-9 所示。PC1 可以通过动态 NAT 地址转换与 WWW 服务器通信，如图 11-10 所示。

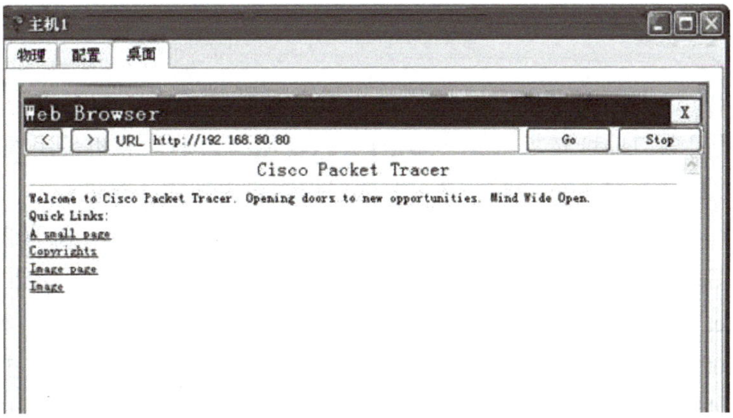

图 11-9　PC0 与 WWW 服务器通信测试

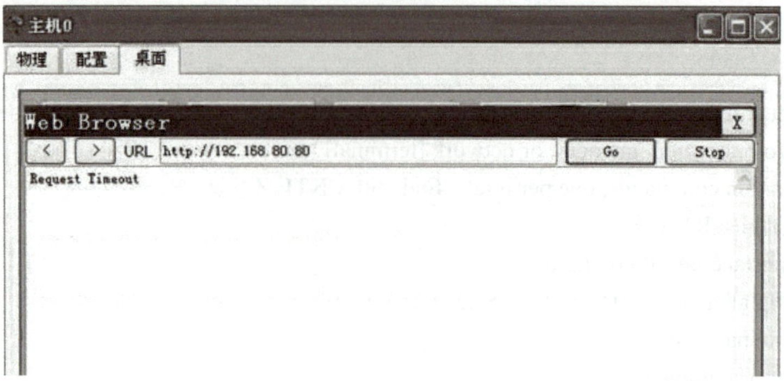

图 11-10 PC1 与 WWW 服务器通信测试

查看 R1 上的 NAT 转换情况，如图 11-11 所示，动态 NAT 把内部的 192.168.1.1 映射到地址池中的 202.168.12.3，并与 WWW 服务器通信。

```
R1#show ip nat tran
Pro   Inside global        Inside local        Outside local        Outside global
Tcp   202.168.12.3:1027    192.168.1.1:1027    192.168.80.80:80     192.168.80.80:80
Tcp   202.168.12.3:1028    192.168.1.1:1028    192.168.80.80:80     192.168.80.80:80
```

图 11-11 R1 上的 NAT 转换情况

任务 3 配置路由器的端口地址转换

任务情境

你是公司的网络管理员，公司办公需要接入互联网，公司只向 ISP 申请了一条专线，该专线分配了一个公网 IP 地址，要求你通过配置实现内部公司的全部主机通过一个合法的公网 IP 地址访问远程服务器。

任务分析

当 ISP 分配的 IP 地址数量很少，网络又没有其他特殊需求，即无需为 Internet 提供网络服务时，可采用端口地址转换方式（NAPT）。使网络内的计算机采用同一 IP 地址访问 Internet，在节约 IP 地址资源的同时，又可有效保护网络内部的计算机。

局域网采用 10Mbit/s 光纤，以城域网方式接入 Internet。路由器选用拥有 2 个 10/100 Mbit/s 自适应端口的 Cisco 2621。内部网络使用的 IP 地址段为 192.168.100.1 ～ 192.168.100.254，局域网端口 Ethernet 0 的 IP 地址为 192.168.100.254，子网掩码为 255.255.255.0。网络分配的合法 IP 地址范围为 200.1.1.1 ～ 200.1.1.3，连接 ISP 的端口 se0/0 的 IP 地址为 200.1.1.1，子网掩码为 255.255.255.0。可用于转换的 IP 地址为 200.1.1.3。既然只有一个可用的合法 IP 地址，同时处于局域网的服务器又只为局域网提供服务，而不允许 Internet 中的主机对其访问，因此完全可以采用端口复用地址转换方式实现 NAT，使得网络内的所有计算机均可以独立访问 Internet。网络拓扑图如图 11-12 所示。

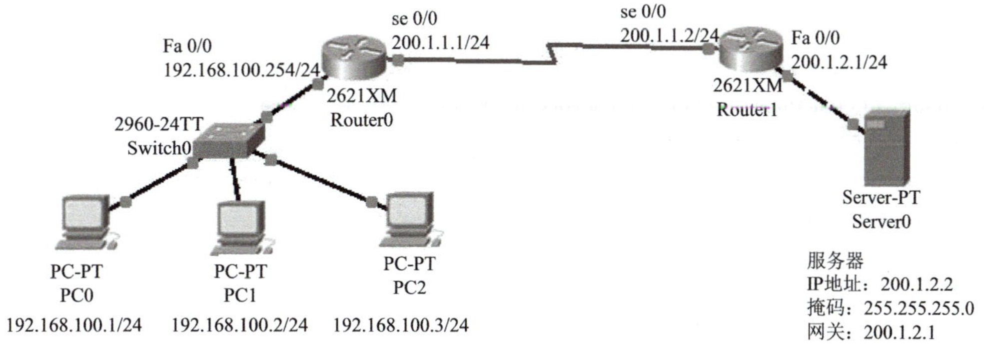

图 11-12　路由器的端口地址转换（NAPT）拓扑图

任务实施

1．PC 及服务器地址配置

PC0 的 IP 地址为 192.168.100.1，掩码为 255.255.255.0，网关为 192.168.100.254；PC1 的 IP 地址为 192.168.100.2，掩码为 255.255.255.0，网关为 192.168.100.254；PC2 的 IP 地址为 192.168.100.3，掩码为 255.255.255.0，网关为 192.168.100.254；服务器的 IP 地址为 200.1.2.2，掩码为 255.255.255.0，网关为 200.1.2.1。

2．路由器 R0 的配置

```
Router0>enable
Router0#configure terminal
Configuring from terminal, memory, or network [terminal]?
Enter configuration commands, one per line. End with CNTL/Z.
Router0(config)#interface fastEthernet 0/0
Router0(config-if)#ip address 192.168.100.254 255.255.255.0
Router0(config-if)#no shutdown
Router0(config-if)#ip nat inside
Router0(config-if)#exit
Router0(config)#interface serial 0/0
Router0(config-if)#ip address 200.1.1.1 255.255.255.0
Router0(config-if)#no shutdown
Router0(config-if)#clock rate 64000
Router0config-if)#ip nat outside
Router0(config-if)#exit
Router0(config)#ip router 200.1.2.2 255.255.255.0 200.1.1.2
Router0(config)#access-list 1 permit 192.168.100.0 0.0.0.255
Router0(config)#ip nat pool pooltese 200.1.1.3 200.1.1.3 netmask 255.255.255.0
```

```
Router0(config)#ip nat inside source list 1 pool pooltest overload
```

3. 路由器 R1 的配置

```
Router1>enable
Router1#configure terminal
Configuring from terminal, memory, or network [terminal]?
Enter configuration commands, one per line.   End with CNTL/Z.
Router1(config)#interface fastEthernet 0/0
Router1(config-if)#ip address 200.1.2.1 255.255.255.0
Router1(config-if)#no shutdown
Router1(config-if)#exit
Router1(config)#interface serial 0/0
Router1(config-if)#ip address 200.1.1.2 255.255.255.0
Router1(config-if)#no shutdown
```

4. 测试

在 PC0 上 PING 服务器，能够 PING 通，结果如图 11-13 所示。在 PC0 上的 Web 浏览器中输入地址 200.1.2.2，单击“跳转”，结果如图 11-14 所示；在主机 PC1 上的 Web 浏览器中输入地址 200.1.2.2，单击“跳转”，结果如图 11-15 所示。最后在路由器 Router0 的特权模式下，输入“show ip nat translation”，查看端口转换，显然 PC1、PC2 都通过唯一 IP 地址 200.1.1.3 访问了服务器，实现了端口地址转换（NAPT）。

```
Router#show ip nat translations
Pro  Inside global        Inside local          Outside local      Outside global
tcp 200.1.1.3:1025        192.168.100.1:1025 200.1.2.2:80          200.1.2.2:80
tcp 200.1.1.3:1024        192.168.100.2:1025 200.1.2.2:80          200.1.2.2:80
```

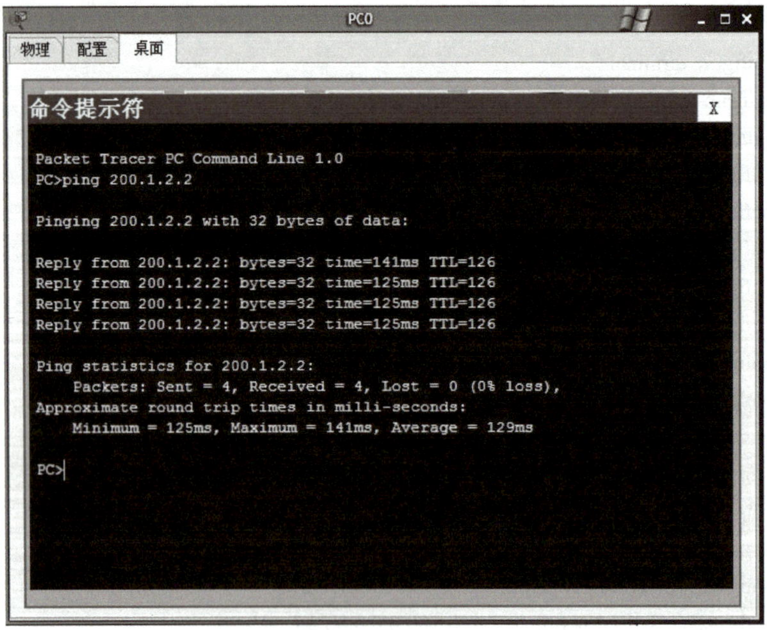

图 11-13　测试结果

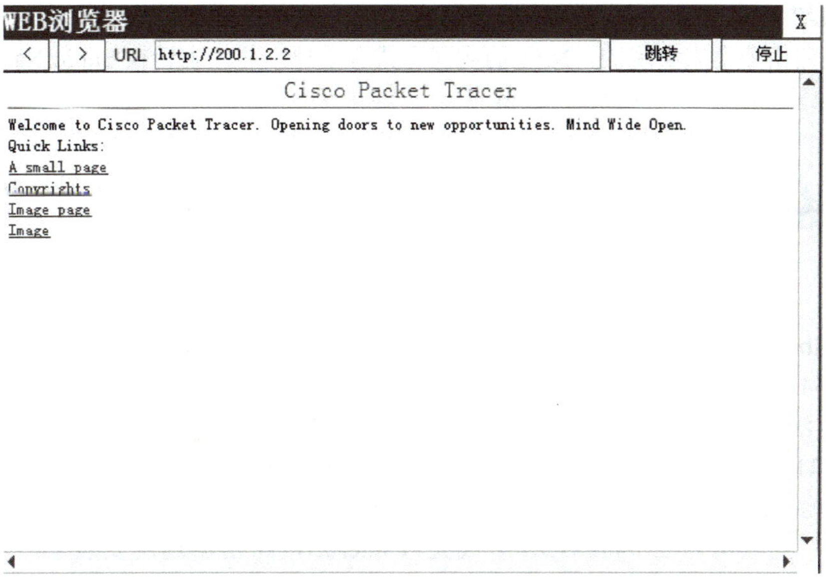

图 11-14　PC0 通过 Web 浏览服务器

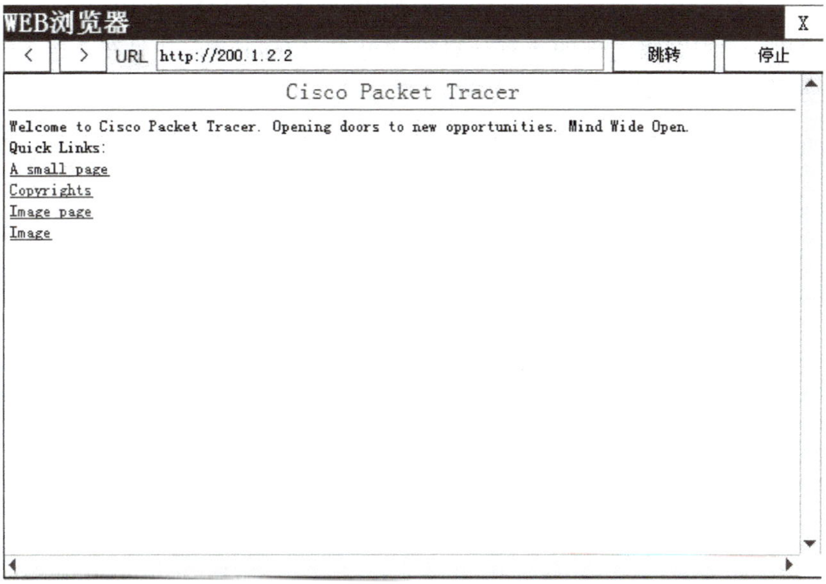

图 11-15　PC1 通过 Web 浏览服务器

小结

网络地址转换属于接入广域网技术，是一种将私有地址转化为合法 IP 地址的转换技术，它被广泛应用于各种类型 Internet 接入方式和各种类型的网络中。原因很简单，NAT 不仅完美地解决了 IP 地址不足的问题，而且还能够有效地避免来自网络外部的攻击，隐藏并保护网络内部的计算机。

虽然 NAT 可以借助于某些代理服务器来实现，但考虑到运算成本和网络性能，很多时候都是在路由器上来实现的。NAT 的实现方式有 3 种，即静态转换 Static Nat、动态转换 Dynamic Nat 和端口多路复用 OverLoad。

实战强化

实战 1：局域网采用 10Mbit/s 光纤，以城域网方式接入 Internet。路由器选用拥有 2 个 10/100 Mbit/s 自适应端口的 Cisco 2611。内部网络使用的 IP 地址段为 10.18.100.1 ～ 10.18.104.254，局域网端口 Ethernet 0 的 IP 地址为 10.18.100.1，子网掩码为 255.255.0.0。网络分配的合法 IP 地址范围为 211.82.220.80 ～ 211.82.220.87，连接 ISP 的端口 Ethernet 1 的 IP 地址为 211.82.220.81，子网掩码为 255.255.255.248。要求网络内部的所有计算机均可以访问 Internet，并且在 Internet 中提供 Web、E-mail、FTP 和 Media 4 种服务。

实战 2：局域网以 2Mbit/s DDN 专线拉入 Internet，路由器选用安装了广域网模块的 Cisco 2611。内部网络使用的 IP 地址段为 10.1.1.1 ～ 10.1.3.254，局域网端口 Ethernet 0 的 IP 地址为 10.1.1.1，子网掩码为 255.255.252.0。网络分配的合法 IP 地址范围为 202.110.198.80 ～ 202.110.198.87，连接 ISP 的端口 Ethernet 1 的 IP 地址为 202.110.198.81，子网掩码为 255.255.255.248。要求网络内部的所有计算机均可访问 Internet，并且在 3 台 Web 服务器和 2 台 FTP 服务器中实现负载均衡。

项目 12　网络综合实验

职业能力目标

1）熟悉交换机的综合配置方法。
2）熟悉路由器的综合配置方法。
3）掌握大型网络的综合配置方法。

任务 1　配置某公司网络

任务情境

某公司组建了如图 12-1 所示的网络，防火墙为全公司互联网出口，SER1 为模拟公网某台服务器。R1 和 R2 为公司总部和分支机构之间的互联路由器，采用 V.35 专线连接，并封装 PPP，PPP 采用 PAP 进行认证。要求仅公司总部（图左面）用户能上网，并使 PC3 能 PING 通 PC1，PC1 不能 PING 通 PC3。

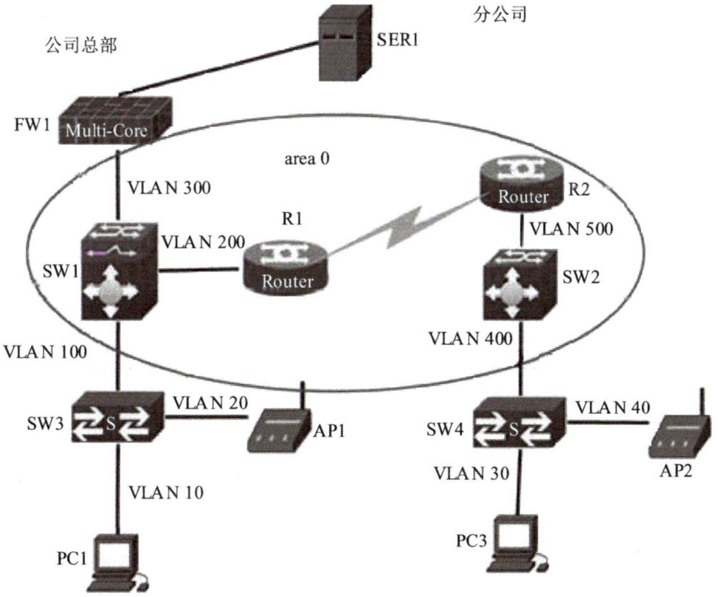

图 12-1　某公司网络拓扑图

任务分析

针对上面任务，给所有交换机和路由器配置 hostname，例如，R1、R2、SW1、SW2、SW3、SW4、SER1。根据图 12-1 所示给交换机配置 VLAN。SW1 作为 DHCP SERVER 给全网所有用户分配 IP 地址，IP 地址规划表见表 12-1（所有设备之间互联地址规划为 10.0.0.1/24 网段，为了保证设备的安全性，要求每两台设备之间的互联地址为不同网段。）同时 R1、R2 之间使用 V.35 线缆连接，并封装 PPP，PPP 采用 PAP 进行认证。R1 认证 R2 的密码是 cisco1, R2 认证 R1 的密码是 cisco2。SW1、SW2、R1 和 R2 之间采用 OSPF 动态路由协议互联，SW3 和 SW1 之间、SW4 和 SW2 之间、SW1 和 FW1 之间采用静态路由协议互联，使得公司内网全通。AP1 和 AP2 做无线网桥，AP1 的 SSID 为 digital，AP2 的 SSID 为 DCN，无线接入密码都为 12345678。防火墙上配置 NAT 地址转换，使公司总部用户能上网，并开启安全防护功能。在 SW2 上做访问控制列表，使 PC3 能 PING 通 PC1，PC1 不能 PING 通 PC3。

表 12-1 IP 地址规划表

设 备 名	接 口	地 址
PC1		192.168.10.2/24
PC3		192.168.30.2/24
SW1	VLAN 100	10.0.0.2/30
	VLAN 200	10.0.0.5/30
	VLAN 300	10.0.0.9/30
SW2	VLAN 500	10.0.0.18/30
	VLAN 400	10.0.0.21/30
SW3	VLAN 100	10.0.0.1/30
	VLAN 10	192.168.10.1/24
	VLAN 20	192.168.20.1/24
SW4	VLAN 30	192.168.30.1/24
	VLAN 40	192.168.40.1/24
	VLAN 400	10.0.0.22/30
R1	F0/0	10.0.0.6/30
	S0/1	10.0.0.13/30
R2	S0/1	10.0.0.15/30
	F0/0	10.0.0.17/30
FW1	Eth0/0	218.89.142.1/30
	Eth0/1	10.0.0.10/30

任务实施

1．交换机 SW1 配置

```
SW1>enable
SW1#configure terminal
Enter configuration commands, one per line.   End with CNTL/Z.
```

```
SW1(config)#
SW1(config)#vlan 10
SW1(config-vlan)#
SW1(config-vlan)#exit
SW1(config)#vlan 20
SW1(config-vlan)#exit
SW1(config)#vlan 100
SW1(config-vlan)#exit
SW1(config)#vlan 200
SW1(config-vlan)#exit
SW1(config)#vlan 300
SW1(config-vlan)#exit
SW1(config)#
SW1(config)#interface vlan 10
SW1(config-if)#ip address 192.168.10.1 255.255.255.0
SW1(config-if)#no shutdown
SW1(config-if)#exit
SW1(config)#
SW1(config)#interface vlan 20
SW1(config-if)#ip address 192.168.20.1 255.255.255.0
SW1(config-if)#no shutdown
SW1(config-if)#exit
SW1(config)#
SW1(config)#interface vlan 100
SW1(config-if)#ip address 10.0.0.2 255.255.255.252
SW1(config-if)#no shutdown
SW1(config-if)#exit
SW1(config)#
SW1(config)#interface fastethernet 0/1
SW1(config if)#switchport mode trunk
SW1(config-if)#
SW1(config-if)#exit
SW1(config)#
SW1(config)#interface vlan 200
SW1(config-if)#ip address 10.0.0.5 255.255.255.252
SW1(config-if)#no shutdown
SW1(config-if)#exit
SW1(config)#
SW1(config)#interface fastethernet 0/3
SW1(config-if)#switchport mode    access
SW1(config-if)#switchport    access vlan 200
SW1(config-if)#sexit
SW1(config)#
```

```
SW1(config)#interface vlan 300
SW1(config-if)#ip address 10.0.0.9 255.255.255.252
SW1(config-if)#no shutdown
SW1(config-if)#exit
SW1(config)#
SW1(config)#interface   fastethernet 0/2
SW1(config-if)#switchport mode   access
SW1(config-if)#switchport   access vlan 200
SW1(config-if)#sexit
SW1(config)#
```

2. 交换机 SW2 配置

```
SW2>enable
SW2#configure terminal
Enter configuration commands, one per line.   End with CNTL/Z.
SW2(config)#
SW2(config)#vlan 30
SW2(config-vlan)#
SW2(config-vlan)#exit
SW2(config)#vlan 40
SW2(config-vlan)#exit
SW2(config)#vlan 400
SW2(config-vlan)#exit
SW2(config)#vlan 500
SW2(config-vlan)#exit
SW2(config)#
SW2(config)#interface vlan 30
SW2(config-if)#ip address 192.168.30.1 255.255.255.0
SW2(config-if)#no shutdown
SW2(config-if)#exit
SW2(config)#
SW2(config)#interface vlan 40
SW2(config-if)#ip address 192.168.40.1 255.255.255.0
SW2(config-if)#no shutdown
SW2(config-if)#exit
SW2(config)#
SW2(config)#interface vlan 400
SW2(config-if)#ip address 10.0.0.21 255.255.255.252
SW2(config-if)#no shutdown
SW2(config-if)#exit
SW2(config)#
SW2(config)#interface fastethernet 0/2
SW2(config-if)#switchport   mode trunk
```

```
SW2(config-if)#switchport trunk allow vlan all
SW2(config-if)#exit
SW2(config)#
SW2(config)#interface vlan 500
SW2(config-if)#ip address 10.0.0.18 255.255.255.252
SW2(config-if)#no shutdown
SW2(config-if)#exit
SW2(config)#
SW2(config)#interface fastethernet 0/1
SW2(config-if)#switchport mode access
SW2(config-if)#switchport access vlan 500
SW2(config-if)#exit
SW2(config)#
```

3. 交换机 SW3 配置

```
SW3>enable
SW3#configure terminal
Enter configuration commands, one per line.   End with CNTL/Z.
SW3(config)#
SW3(config)#vlan 10
SW3(config-vlan)#
SW3(config-vlan)#exit
SW3(config)#vlan 20
SW3(config-vlan)#exit
SW3(config)#vlan 100
SW3(config-vlan)#exit
SW3(config)#
SW3(config)#interface vlan 100
SW3(config-if)#ip address 10.0.0.1 255.255.255.252
SW3(config-if)#no shutdown
SW3(config-if)#exit
SW3(config)#
SW3(config)#interface fastethernet 1/1
SW3(config-if)#switchport   mode trunk
SW3(config-if)#switchport trunk allow vlan all
SW3(config-if)#exit
SW3(config)#
SW3(config)#interface fastethernet 2/1
SW3(config-if)#switchport   mode access
SW3(config-if)#switchport access vlan 20
SW3(config-if)#exit
SW3(config)#
SW3(config)#interface fastethernet 0/1
```

```
SW3(config-if)#switchport  mode access
SW3(config-if)#switchport access vlan 10
SW3(config-if)#exit
SW3(config)#
```

4. 交换机 SW4 配置

```
SW4>enable
SW4#configure terminal
Enter configuration commands, one per line.  End with CNTL/Z.
SW4(config)#
SW4(config)#vlan 30
SW4(config-vlan)#
SW4(config-vlan)#exit
SW4(config)#vlan 40
SW4(config-vlan)#exit
SW4(config)#vlan 400
SW4(config-vlan)#exit
SW4(config)#
SW4(config)#interface vlan 400
SW4(config-if)#ip address 10.0.0.22 255.255.255.252
SW4(config-if)#no shutdown
SW4(config-if)#exit
SW4(config)#
SW4(config)#interface fastethernet 0/1
SW4(config-if)#switchport  mode trunk
SW4(config-if)#switchport trunk allow vlan all
SW4(config-if)#exit
SW4(config)#
SW4(config)#interface fastethernet 11
SW4(config-if)#switchport  mode access
SW4(config-if)#switchport access vlan 30
SW4(config-if)#exit
SW4(config)#
SW4(config)#interface fastethernet 2/1
SW4(config-if)#switchport  mode access
SW4(config-if)#switchport access vlan 40
SW4(config-if)#exit
SW4(config)#
```

5. 配置 R1、R2、SW1、SW2 路由

（1）R1 路由

```
R1>enable
R1#configure terminal
```

```
Enter configuration commands, one per line.    End with CNTL/Z.
R1(config)#
R1(config)#interface serial 0/0/0
R1(config-if)#ip address 10.0.0.14 255.255.255.252
R1(config-if)#clock rate 9600
R1(config-if)#no shutdown
R1(config-if)#exit
R1(config)#
R1(config)#interface fastethernet 0/0
R1(config-if)#
R1(config-if)#ip address 10.0.0..17 255.255.255.252
R1(config-if)#no shutdown
R1(config-if)#exit
R1(config)#
R1(config)#Route ospf 1
R1(config-router)#network 10.0.0.4 0.0.0.3 area 0
R1(config-router)#exit
R1(config)#
R1(config)#ip route 0.0.0.0 0.0.0.0 10.0.0.14
R1(config)#ip route 0.0.0.0 0.0.0.0 10.0.0.17
```

（2）R2 路由

```
R2>enable
R2#
R2#configure terminal
Enter configuration commands, one per line.    End with CNTL/Z.
R2(config)#
R2(config)#interface serial 0/0/0
R2(config-if)#ip address 10.0.0.13 255.255.255.252
R2(config-if)#no shutdown
R2(config-if)#
R2(config-if)#exit
R2(config)#
R2(config)#interface fastethernet 0/0
R2(config)#ip address 10.0.0.6 255.255.255.252
R2(config)#no shutdown
R2(config)#
R2(config)#Route ospf 1
R2(config-router)#network 10.0.0.16 0.0.0.3 area 0
R2(config-router)#exit
R2(config)#
R2(config)#ip router 0.0.0.0 0.0.0.0 10.0.0.14
R2(config)#ip router 0.0.0.0 0.0.0.0 10.0.0.5
R2(config)#
```

（3）SW1 路由

```
SW1>enable
SW1#configure terminal
Enter configuration commands, one per line.   End with CNTL/Z.
SW1(config)#
SW1(config)#route ospf 1
SW1(config-router)#network 10.0.0.12 0.0.0.3 area 0
SW1(config-router)#network 10.0.0.16 0.0.0.3 area 0
SW1(config-router)#exit
SW1(config)#
SW1(config)#ip router 0.0.0.0 0.0.0.0 10.0.0.6
SW1(config)#ip router 0.0.0.0 0.0.0.0 10.0.0.10
```

（4）SW2 路由

```
SW2>enable
SW2#configure terminal
Enter configuration commands, one per line.   End with CNTL/Z.
SW2(config)#
SW2(config)#route ospf 1
SW2(config-router)#network 10.0.0.12 0.0.0.3 area 0
SW2(config-router)#network 10.0.0.4 0.0.0.3 area 0
SW2(config-router)#exit
SW2(config)#
```

6. 配置验证

（1）R1 配置

```
R1>enable
R1#configure terminal
Enter configuration commands, one per line.   End with CNTL/Z.
R1(config)#
R1(config)#username R2 password cisco1
R1(config)#interface serial 0/0/0
R1(config-if)#enable ppp
R1(config-if)#ppp auth pap
R1(config-if)#ppp pap sent-us R1 cisco2
```

（2）R2 配置

```
R2>enable
R2#
R2#configure terminal
Enter configuration commands, one per line.   End with CNTL/Z.
R2(config)#
R2(config)#username R1 password cisco 2
R2(config)#interface serial 0/0/0
R2(config)#Enable ppp
```

```
R2(config)#ppp auth pap
R2(config)#ppp pap sent-us R2 cisco1
```

7. 配置访问控制列表

（1）SW2

```
SW2>enable
SW2#configure terminal
Enter configuration commands, one per line.   End with CNTL/Z.
SW2(config)#
SW2(config)#access-list 110 deny icmp host 192.168.30.2 host 192.168.10.3 echo-replay
SW2(config)#Access-list 110 permit ip any any
SW2(config)#interface vlan 30
SW2(config-if)#ip access-group 110 in
SW2(config-if)#exit
SW2(config)#
```

（2）FW1

```
FW1>enable
FW1#configure terminal
Enter configuration commands, one per line.   End with CNTL/Z.
FW1(config)#
FW1(config)#access-list 1 permit 192.168.10.0 0.0.0.255
FW1(config)#access-list 1 permit 192.168.20.0 0.0.0.255
FW1(config)#ip nat inside source list 1 interface fastethernet 1/0 overload
FW1(config)#interface fastethernet 1/0
FW1(config)#ip nat outside
FW1(config)#interface fastethernet 0/0
FW1(config)#ip nat inside
```

8. 在 SW 上创建地址池做 dhcpsever 服务器

```
SW1>enable
SW1#configure terminal
Enter configuration commands, one per line.   End with CNTL/Z.
SW1(config)#
SW1(config)#ip dhcp pool vlan10
SW1(dhcp-config)#network 192.168.10.0 255.255.255.0
SW1(dhcp-config)#default-router 10.0.0.2
SW1(dhcp-config)#
SW1(dhcp-config)#exit
SW1(config)#
SW1(config)#ip dhcp pool vlan20
SW1(dhcp-config)#network 192.168.20.0 255.255.255.0
SW1(dhcp-config)#default-router 10.0.0.2
SW1(dhcp-config)#exit
```

```
SW1(config)#
SW1(config)#ip dhcp exclude- 192.168.10.1 192.168.10.2（排除地址为 10.1 10.2）
SW1(config)#ip dhcp exclude- 192.168.20.1 192.168.20.2（排除地址为 20.1 20.2）
```

9．测试

经测试，公司总部能够上网，并且 PC3 能 PING 通 PC1，PC1 不能 PING 通 PC3，结果如图 12-2、图 12-3 所示。

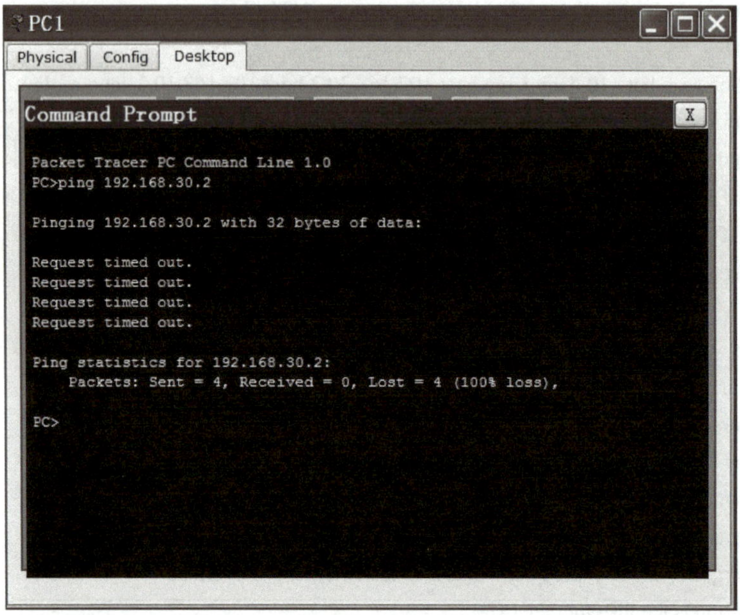

图 12-2　PC1 测试结果

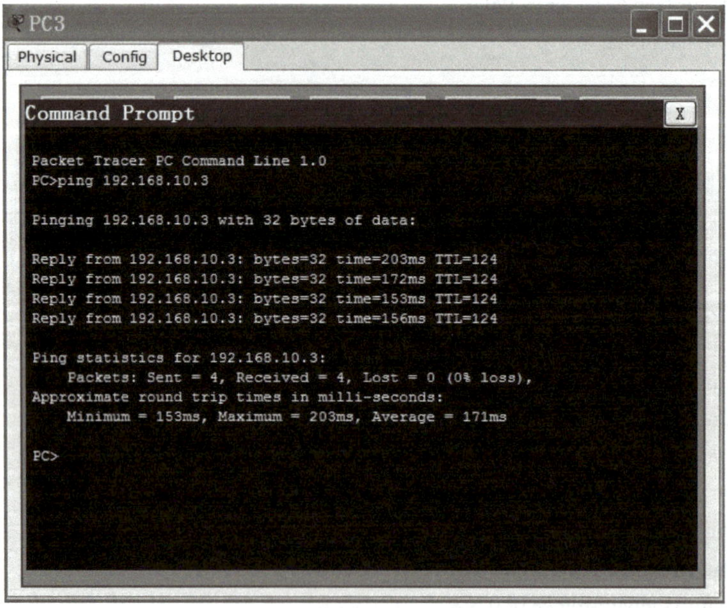

图 12-3　PC3 测试结果

任务 2　配置某企业网络

任务情境

某企业进行网络建设，为了保证网络出口的稳定可靠，企业向 ISP 申请了两条 Internet 线路，需要为这两条线路做负载均衡和冗余备份，并且进行 VLAN 划分防止病毒扩散和广播风暴的产生，网络拓扑图如图 12-4 所示。

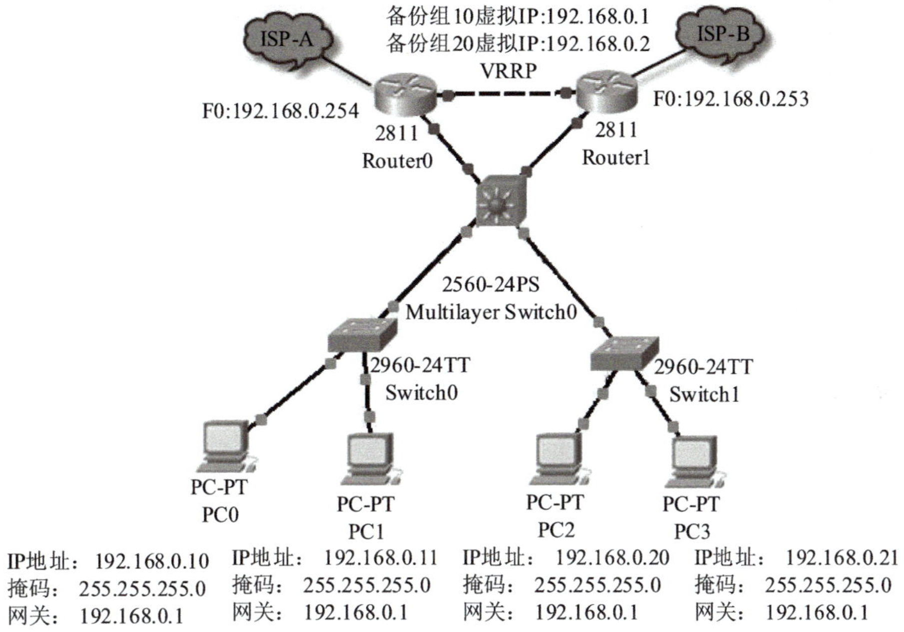

图 12-4　某企业网络拓扑图

任务分析

为了完成这一任务，在网络出口采用两台路由器做 VRRP，虚拟出备份组 10 和备份组 20，网络的终端用户，其中一部分默认网关指向虚拟备份组 10 的 IP 地址 192.168.0.1，另一部分用户默认网关指向虚拟备份组 20 的 IP 地址 192.168.0.2，由于 VRRP 功能，两台路由器之间可以冗余备份和负载均衡，IP 地址规划表见表 12-2。

表 12-2　IP 地址规划表

设备名称	IP 地址	备　注
Router0	192.168.0.254	F0 口
Router0	192.168.0.253	F0 口
虚拟备份组 10	192.168.0.1/24	虚拟备份组 10
虚拟备份组 20	192.168.0.2/24	虚拟备份组 20

任务实施

1. 交换机配置

（1）交换机 Switch0 配置

```
Switch0>enable
Switch0#configure terminal
Enter configuration commands, one per line.   End with CNTL/Z.
Switch0(config)#
Switch0(config)#vlan 1
Switch0(config-vlan)#
Switch0(config-vlan)#end
Switch0#
```

（2）交换机 Switch1 配置

```
Switch1>enable
Switch1#configure terminal
Enter configuration commands, one per line.   End with CNTL/Z.
Switch1(config)#
Switch1(config)#vlan 1
Switch1(config-vlan)#
Switch1(config-vlan)#end
Switch1#
```

（3）交换机 Switch3560 配置

```
Switch3560#
Switch3560>enable
Switch3560#configure terminal
Enter configuration commands, one per line.   End with CNTL/Z.
Switch3560(config)#
Switch3560(config)#vlan 1
Switch3560(config-vlan)#
Switch3560(config-vlan)#end
Switch3560#
```

2. 路由器配置

（1）路由器 Router0 配置

```
Router0>enable
Router0#configure terminal
Enter configuration commands, one per line.   End with CNTL/Z.
Router0(config)#
Router0(config)#interface FastEthernet 0/0
Router0(config-if)#ip address 192.168.0.254 255.255.255.0
Router0(config-if)#no shutdown
```

```
%LINK-5-CHANGED: Interface FastEthernet0/0, changed state to up

%LINEPROTO-5-UPDOWN: Line protocol on Interface FastEthernet0/0, changed state to up

Router(config-if)#
Router(config-if)#exit
Router0(config)#
```

（2）路由器 Router1 配置

```
Router1>
Router1>enable
Router1#configure terminal
Enter configuration commands, one per line.   End with CNTL/Z.
Router1(config)#int
Router1(config)#interface fastEthernet 0/0
Router1(config-if)#ip address 192.168.0.253 255.255.255.0
Router1(config-if)#no shutdown

%LINK-5-CHANGED: Interface FastEthernet0/0, changed state to up

%LINEPROTO-5-UPDOWN: Line protocol on Interface FastEthernet0/0, changed state to up

Router1(config-if)#
```

测试网络连通性。通过 PING 测试，网络通信正常。如果测试失败，请检查设备基本配置。

在 Router0 上，使用 PING 命令来测试到 Router1 的连通性。

```
Router0#ping 192.168.0.253

Type escape sequence to abort.
Sending 5, 100-byte ICMP Echos to 192.168.0.253, timeout is 2 seconds:
!!!!!
Success rate is 100 percent (5/5), round-trip min/avg/max = 32/53/63 ms

Router0#
```

在 Router1 上，使用 PING 命令来测试到 Router0 的连通性。

```
Router1#ping 192.168.0.254

Type escape sequence to abort.
Sending 5, 100-byte ICMP Echos to 192.168.0.254, timeout is 2 seconds:
!!!!!
Success rate is 100 percent (5/5), round-trip min/avg/max = 32/53/63 ms

Router1#
```

3. 在路由器上配置 VRRP 功能

VRRP 功能是通过配置两台 2811 路由器来实现的。根据实验方案，我们实现两个备份组，虚拟出两个 IP 地址：虚拟备份组 10 IP 地址为 192.168.0.1/24；虚拟备份组 20 IP 地址为 192.168.0.2/24。

（1）在 Router0 上做以下配置

```
Router0(config)#interface FastEthernet 0/0
Router0(config-if)#vrrp 10 priority 105
！设置虚拟组优先级为 105，默认为 100
Router0(config-if)#vrrp 10 ip 192.168.0.1
！配置虚拟组地址
Router0(config-if)#vrrp 20 ip 192.168.0.2
 ！配置虚拟组地址
Router0(config-if)#exit
Router0(config)#
```

（2）在 Router1 上做以下配置

```
Router1(config)#interface FastEthernet0/0
Router1(config-if)#vrrp 10 ip 192.168.0.1
Router1(config-if)#vrrp 20 priority 150
Router1(config-if)#vrrp 20 ip 192.168.0.2
Router1(config-if)#exit
Router1(config)#
```

（3）VRRP 验证

```
Router0#show vrrp brief
Interface        Grp Pri Time   Own Pre State    Master addr        Group addr
FastEthernet0    10   105   -     -   P   Master   192.168.0.254 192.168.0.1
FastEthernet0    20   100   -     -   P   Backup   192.168.0.253 192.168.0.2
！对备份组 10 虚拟 IP 地址为 192.168.0.1，以 Router0 为主路由器
！对备份组 20 虚拟 IP 地址为 192.168.0.2，以 Router1 为备份路由器
```

（4）网络连通性测试

对于接在接入层设备上的用户，为其分配 IP 地址为 192.168.0.3/24 ~ 192.168.0.252/24，网关可以指向 192.168.0.1 或者 192.168.0.2。由于在出口路由器上配置了 VRRP，因此 VRRP 功能可以为网络提供冗余备份和负载均衡功能。

```
C:\>ipconfig
Windows 2000 IP Configuration
Ethernet adapter 本地连接：
        Connection-specific DNS Suffix  . :
        IP Address. . . . . . . . . . . : 192.168.0.234
        Subnet Mask . . . . . . . . . . : 255.255.255.0
        Default Gateway . . . . . . . . : 192.168.0.1
        ！终端用户以虚拟组 10 为网关
C:\>ping 192.168.0.1
Pinging 192.168.0.1 with 32 bytes of data:
```

```
Reply from 192.168.0.1: bytes=32 time<10ms TTL=255
！ 测试 PC 192.168.0.234 到网关 192.168.0.1 通信正常。

C:\>ipconfig
Windows 2000 IP Configuration
Ethernet adapter 本地连接 :
        Connection-specific DNS Suffix  . :
        IP Address. . . . . . . . . . . . : 192.168.0.234
        Subnet Mask . . . . . . . . . . . : 255.255.255.0
        Default Gateway . . . . . . . . . : 192.168.0.2
        ！ 终端用户以虚拟组 20 为网关
C:\>ping 192.168.0.2
Pinging 192.168.0.2 with 32 bytes of data:
Reply from 192.168.0.2: bytes=32 time<10ms TTL=255
！ 测试 PC 192.168.0.234 到网关 192.168.0.1 通信正常。
```

4. 功能测试

根据 VRRP 功能，在主路由器失效的情况下，备份路由器会在一定的时间里切换为主路由器；在使用了抢占模式及在路由器故障恢复后，VRRP 会重新计算，主路由器切换到备份状态，故障路由器为主状态。

（1）在网络正常运行情况下，VRRP 的状态及网络连通性

```
Router0#show vrrp brief
Interface      Grp Pri Time  Own Pre State    Master addr    Group addr
FastEthernet0  10  105   -    -   P  Master   192.168.0.254 192.168.0.1
FastEthernet0  20  100   -    -   P  Backup   192.168.0.253 192.168.0.2
！ R2624-A vrrp 状态
Router1#show vrrp brief
Interface      Grp Pri Time  Own Pre State    Master addr    Group addr
FastEthernet0  10  100   -    -   P  Backup   192.168.0.254 192.168.0.1
FastEthernet0  20  150        -   P  Master   192.168.0.253 192.168.0.2
！ R2624-B vrrp 状态

C:\>ipconfig
Windows 2000 IP Configuration
Ethernet adapter 本地连接 :
        Connection-specific DNS Suffix  . :
        IP Address. . . . . . . . . . . . : 192.168.0.234
        Subnet Mask . . . . . . . . . . . : 255.255.255.0
        Default Gateway . . . . . . . . . : 192.168.0.1
        ！ 以虚拟组 10 为默认网关的终端用户
C:\>ping 192.168.0.1
Pinging 192.168.0.1 with 32 bytes of data:
Reply from 192.168.0.1: bytes=32 time<10ms TTL=255
```

```
！测试终端用户 PC 192.168.0.234 到网关 192.168.0.1 通信正常。

C:\>ipconfig
Windows 2000 IP Configuration
Ethernet adapter 本地连接 :
        Connection-specific DNS Suffix  . :
        IP Address. . . . . . . . . . . :  192.168.0.234
        Subnet Mask . . . . . . . . . . :  255.255.255.0
        Default Gateway . . . . . . . . :  192.168.0.2
C:\>ping 192.168.0.2
Pinging 192.168.0.2 with 32 bytes of data:
Reply from 192.168.0.2: bytes=32 time<10ms TTL=255
！测试终端用户 PC 192.168.0.234 到网关 192.168.0.1 通信正常。
```

（2）当 Router0 路由器出现故障时，VRRP 的状态及网络的连通性

在终端用户，我们使用 PING 命令加 –t 参数，来观察当路由器出现故障后网络连通性的变化。通过将 S3550 与 Router0 之间的线缆删除来模拟 Router0 路由器故障。

```
1）在网络正常运行时网络通信正常。
C:\>ipconfig
Windows 2000 IP Configuration
Ethernet adapter 本地连接 :
        Connection-specific DNS Suffix  . :
        IP Address. . . . . . . . . . . :  192.168.0.234
        Subnet Mask . . . . . . . . . . :  255.255.255.0
        Default Gateway . . . . . . . . :  192.168.0.1
C:\>ping 192.168.0.1 -t
Pinging 192.168.0.1 with 32 bytes of data:
Reply from 192.168.0.1: bytes=32 time<10ms TTL=255
……
！…… 表示 Reply from 192.168.0.1: bytes=32 time<10ms TTL=255 在网络正常运行时网络通信正常。
2）当 Router0 出现故障时，网络连通性变化。
C:\>ipconfig
Windows 2000 IP Configuration
Ethernet adapter 本地连接 :
        Connection-specific DNS Suffix  . :
        IP Address. . . . . . . . . . . :  192.168.0.234
        Subnet Mask . . . . . . . . . . :  255.255.255.0
        Default Gateway . . . . . . . . :  192.168.0.1
C:\>ping 192.168.0.1 -t
Pinging 192.168.0.1 with 32 bytes of data:

Reply from 192.168.0.1: bytes=32 time<10ms TTL=255
Reply from 192.168.0.1: bytes=32 time<10ms TTL=255
Router0 路由器出现故障时刻
```

```
Request timed out.
Request timed out.
Reply from 192.168.0.1: bytes=32 time<10ms TTL=255
Reply from 192.168.0.1: bytes=32 time<10ms TTL=255
……
！……表示 Reply from 192.168.0.1: bytes=32 time<10ms TTL=255
！ Router0 路由器出现故障后，网络出现中断，然后很快网络恢复网络连通性。
```

3）当 Router0 出现故障时 VRRP 的状态变化情况。

```
Router1#show vrrp brief
Interface         Grp Pri Time   Own Pre State    Master addr      Group addr
FastEthernet0     10   100    -     -    P   Master   192.168.0.253 192.168.0.1
FastEthernet0     20   150    -     -    P   Master   192.168.0.253 192.168.0.2
```

4）当 Router0 出现故障时，到 Router0 恢复正常过程的网络连通性变化。

```
C:\>ipconfig
Windows 2000 IP Configuration
Ethernet adapter 本地连接 :
        Connection-specific DNS Suffix  . :
        IP Address. . . . . . . . . . . . :  192.168.0.234
        Subnet Mask . . . . . . . . . . . :  255.255.255.0
        Default Gateway . . . . . . . . . :  192.168.0.1
C:\>ping 192.168.0.1 -t
Pinging 192.168.0.1 with 32 bytes of data:
Reply from 192.168.0.1: bytes=32 time<10ms TTL=255
Reply from 192.168.0.1: bytes=32 time<10ms TTL=255
！ Router0 出现故障
Request timed out.
Request timed out.
Reply from 192.168.0.1: bytes=32 time<10ms TTL=255
Reply from 192.168.0.1: bytes=32 time<10ms TTL=255
……
Reply from 192.168.0.1: bytes=32 time<10ms TTL=255
Reply from 192.168.0.1: bytes=32 time<10ms TTL=255
！ Router0 恢复正常时刻
Reply from 192.168.0.1: bytes=32 time<10ms TTL=255
Reply from 192.168.0.1: bytes=32 time<10ms TTL=255
……
```

！当 Router0 出现故障，到当 R2624-A 恢复正常的过程中，网络在出现暂时中断之后恢复正常，在路由器 Router0 恢复正常后，网络切换回来，通信正常，不会发生中断。

5）当 Router0 出现故障，到 Router0 恢复正常，VRRP 的状态变化。

```
Router1#show vrrp brief
Interface         Grp Pri Time   Own Pre State    Master addr      Group addr
FastEthernet0     10   100    -     -    P   Master   192.168.0.253 192.168.0.1
FastEthernet0     20   150    -     -    P   Master   192.168.0.253 192.168.0.2
```

```
！ Router0 发生故障，Router1 路由器 VRRP 状态，备份组状态发生变化

Router1#show vrrp brief
Interface        Grp Pri Time   Own Pre State     Master addr      Group addr
FastEthernet0    10   100   -     -   P  Backup   192.168.0.254 192.168.0.1
FastEthernet0    20   150   -     -   P  Master   192.168.0.253 192.168.0.2
！ 当 Router0 恢复正常，Router1 路由器 VRRP 状态

Router0#show vrrp brief
Interface        Grp Pri Time   Own Pre State     Master addr      Group addr
FastEthernet0    10   105   -     -   P  Master   192.168.0.254 192.168.0.1
FastEthernet0    20   100   -     -   P  Backup   192.168.0.253 192.168.0.2
```

参 考 文 献

[1] 梁广民，王隆杰．思科网络实验室路由、交换实验指南 [M]．北京：电子工业出版社，2008.

[2] 甘刚．网络设备配置与管理 [M]．北京：中国水利水电出版社，2006.

[3] 冯昊，黄治虎，伍技祥．交换机 / 路由器的配置与管理 [M]．北京：清华大学出版社，2005.

[4] 刘鲁川，王小斌．Cisco Cataly 系列交换机的使用与组网技术 [M]．北京：清华大学出版社，2002.

[5] 李冬．计算机网络实训教程 [M]．北京：清华大学出版社，2004.

[6] 蔡学军．网络互联技术 [M]．北京：高等教育出版社，2004.

[7] Cisco System 公司．思科网络技术学院教程 [M]．2 版．北京：人民邮电出版社，2002.